原生态的地球之村

YUANSHENGTAI DE DIQIU ZHI CUN

主编：张海君

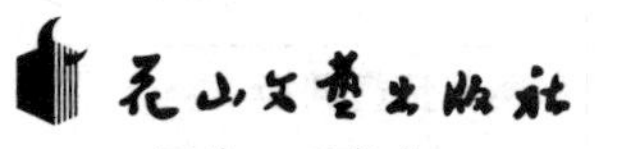

河北·石家庄

图书在版编目（CIP）数据

原生态的地球之村 / 张海君主编.—石家庄 ：花山文艺出版社，2013.4（2022.3重印）

（环保进行时丛书）

ISBN 978-7-5511-0952-9

Ⅰ.①原… Ⅱ.①张… Ⅲ.①环境保护—青年读物②环境保护—少年读物 Ⅳ.①X-49

中国版本图书馆CIP数据核字(2013)第081073号

丛 书 名：环保进行时丛书
书　　名：原生态的地球之村
主　　编：张海君

责任编辑：贺　进
封面设计：慧敏书装
美术编辑：胡彤亮
出版发行：花山文艺出版社（邮政编码：050061）
（河北省石家庄市友谊北大街 330号）
销售热线：0311-88643221
传　　真：0311-88643234
印　　刷：北京一鑫印务有限责任公司
经　　销：新华书店
开　　本：880×1230　1/16
印　　张：10
字　　数：160千字
版　　次：2013年5月第1版
2022年3月第2次印刷
书　　号：ISBN 978-7-5511-0952-9
定　　价：38.00元

目　录

第一章　地球在呼唤低碳

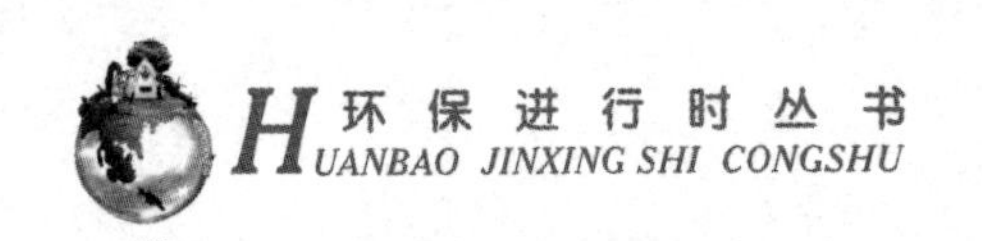

第二章　学会减碳，打造地球大氧吧

第三章　环境问题，地球的切肤之痛

第四章　昨天的美丽，今日的危机

第五章　做一个绿色环保卫士

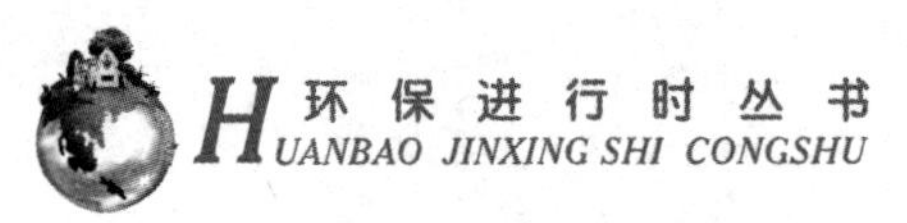

第一章

地球在呼唤低碳

一、人类环保的里程碑

《京都议定书》——以法规形式限制温室气体排放

为了人类免受气候变暖的威胁，1997年12月，在日本京都召开的《联合国气候变化框架公约》缔约方第三次会议通过了旨在限制发达国家温室气体排放量以抑制全球变暖的《京都议定书》。

《京都议定书》是气候变化国际谈判中的里程碑式的协议，自2005年2月16日起正式生效。它的主要内容是限制和减少温室气体排放，规定了2008－2012年的减排义务。它将工业化国家分成8组，以法律形式要求他们控制并减少包括二氧化碳、甲烷、氧化亚氮、全氟碳化物、氢氟碳化物、含氯氟烃及六氟化硫等七种温室气体在内的排放。具体来说，各发达国家从2008年到2012年必须完成的削减目标是：与1990年相比，欧盟削减8%、美国削减7%、日本削减6%、加拿大削减6%、东欧各国削减5%～8%。新西兰、俄罗斯和乌克兰可将排放量稳定在1990年水平上。议定书同时允许爱尔兰、澳大利亚和挪威的排放量比1990年分别增加10%、8%和1%。

《京都议定书》需要在占全球温室气体排放量55%以上的至少55个国家批准，才能成为具有法律约束力的国际公约。中国于1998年5月签署并于2002年

温室气体

8月核准了该议定书。欧盟及其成员国于2002年5月31日正式批准了《京都议定书》。2004年11月5日，时任俄罗斯总统普京在《京都议定书》上签字，使其正式成为俄罗斯的法律文本。截至2005年8月13日，全球已有142个国家和地区签署该议定书，其中包括30个工业化国家，批准国家的人口数量占全世界总人口的80%。

约束的继续——巴厘岛路线图

2008年联合国气候大会在印度尼西亚旅游胜地巴厘岛举行。各国希望在《京都议定书》第一期承诺2012年到期后，能够达成一份新协议，使得关于限制温室气体排放的约束能够继续生效。最终“巴厘岛路线图”包括了13项内容和1个附录。

巴厘岛路线图会场

“共同但有区别的责任”原则成为“巴厘岛路线图”一项重要内容。此外“巴厘岛路线图”明确规定，《公约》的所有发达国家缔约方都要履行可测量、可报告、可核实的温室气体减排责任，这把美国纳入其中。除减缓气候变化问题外，还强调了另外三个在以前国际谈判中曾不同程度受到忽视的问题：适应气候变化问题、技术开发和转让问题以及资金问题。这三个问题是广大发展中国家在应对气候变化中的一座新里程碑。

联合国秘书长潘基文在会议上动情地呼吁：“请珍惜这一刻，为了全人类。我呼吁你们达成一致，不要浪费已经取得的成果。我们这个星球的现实要求我们更加努力。”

其实对于减少全球温室气体排放来说，除了法规的约束之外，还有很多实际行动可以去执行，以下几个方面就是全球正在为之努力的方向，当然，希望人类可以做到的远不止于此。

1.保护森林的对策方案

今日以热带雨林为生的全球森林，正在遭到人为持续不断的急剧破坏。有效的应对措施，一方面是赶快停止这种毫无节制的森林破坏，另一方面实施大规模的造林工作，努力促进森林再生。

2.汽车使用燃料状况的改善

目前，全球低油耗、排量小的汽车正在逐步地占据主要市场。由于此项努力所导致的化石燃料消费削减，可使温室效应大幅度降低。

3.改善其他各种场合的能源使用效率

当今的人类生活，到处都在大量使用能源，其中尤其以住宅和办公室的冷暖气设备为最。因此，对于提升能源使用效率方面，仍然具有大幅改善余地。

4.鼓励使用天然气作为主要能源

相对于石油来说，天然气较少排放二氧化碳。目前全球很多城市都在普遍采用这种清洁能源。

5.鼓励使用太阳能

譬如推动所谓“阳光计划”，这方面的努力能使化石燃料用量相对减少，因此对于降低温室效应具备直接效果。

二、让城市轻松呼吸

面对不断恶化的气候和环境，交通运输领域必须转变发展方式。实施交通低碳化战略，让城市抛开口罩，轻松呼吸是必然趋势。

1.抛开口罩

低碳化交通就是要改变交通工具严重依附碳基能源的现状，实现交通系统的高能效、低能耗、低污染、低排放，其核心在于提高交通的能源效率，改善交通的用能结构，优化交通的发展方式，目的在于减少人类出行的高碳能源消耗。低碳化交通的途径有四条：新能源汽车、新型轨道交通、智能交通和慢性交通。

减少碳基能源的使用是交通低碳化的核心。传统交通运输工具由石油等不可再生资源派生的高碳燃料驱动，碳消耗量大，利用率低，排放污染严重。因为交通运输工具必须依赖能耗，除非使用洁净能源，否则交通运输难以实现无碳化，只能是不断低碳化的发展过程。因此，发展低碳化交通，改变车辆的动力来源，发展新能源汽车代替传统汽车首当其冲。2009年，作为可以代表世界汽车发展史的美国，其总统奥巴马上任不久就签署了两份总统行政命令，要求美国把燃油使用效率由当前的44.3mpg，在2020年前提高至56.3mpg，并要求美国环境保护署重新考虑批准一些州政府制订的高于国家标准的汽车尾气二氧化碳含量标准。日本更是在新能源汽车的发展上走在了世界的前列，丰田汽车早在1990年之前就开始了混合动力汽车的研发，在1998年实现了混合动力汽车量产。可以说，新能源汽车的开发是汽车产业发展的必然趋势。

新能源汽车在从源头减少交通碳排放的同时，却可能使城市交通更加拥堵，因此，在以新能源代替传统燃料的同时，还应鼓励公众少开车，多使用公共交通。大力发展公共交通，尤其是大容量、高效率的新型轨道交通，将一部分开车的人分流到公共交通工具上，充分展现公共交通的使用价值，既可以解决交通拥堵问题，又有利于减少全社会的交通碳排放量。

对照人类在上下班期间正常发生的交通拥堵现象，我们在生物界经常会看到这样一种现象：在觅食的过程中，成百上千只蚂蚁在蚁穴和食物所在处之间来来往往，最终都能够在相对最短时间内得到食物，却从来不会有拥堵现象出现，这与人类的上下班路形成了有趣的对照。德国科学家通过实验研究发现，蚂蚁之间的交流使这个群体成功避免了道路拥堵。在一条路有可能出现拥堵时，返回的蚂蚁会向迎面过来的同伴发出信息素，告诉对方前面交通状况不好，让它选择另一条路，从而成功实现分流。效仿蚂蚁的做法，可以给车辆和道路装上大脑，通过智能汽车和智能道路发展智能化交通，实现车与车、车与路之间的“交流”，赋予交通自我决策能力，从而减少车辆拥堵现象，间接减少车辆低速行驶造成的高碳排放。

低碳是一种行动，更是一种理念，人类只有心中有所念，才会行动上低碳。在日常生活中，尽量采取步行、自行车这类零能耗的慢行交通出行方式，既健康又环保。自行车还是效率最高的交通工具，在同样的道路条件下，自行车的通行能力是小汽车的12倍到20倍；同时，慢行交通也是实现不同交通工具之间有效换乘、对接的最佳途径，使居民既能方便有效地利用城市已有的公交、轨道交通等交通设施，又能最大限度地降低碳排放量，同时还可以提高道路的利用率，解决交通拥堵难题。

2.轻松呼吸

世界各国在2009年哥本哈根气候大会上都对节能减排作出了一定的承诺，交通运输业作为能源消耗大户，是温室气体减排的主要领域之一。因此，发展低碳化交通已经成为各国实现可持续交通发展的战略措施，各国的交通低碳化行动也正在如火如荼地开展，相信在全人类的共同努力下，我们一定能回归自然，轻松呼吸。

（1）意大利罗马

在意大利的罗马，自1997年以来，如果驾车者想在历史遗迹所在地区通行，必须每年缴纳大约200～332欧元不等的税。此外，还需证明自己是在这个区域工作的。至于这里的常住居民，只要象征性地交15欧元就可以了。通过税收汇聚的资金原本计划用来建造停车场，可这些停车场直到2006年也迟迟没有建成，但是即便如此，这些措施也已经使这些区域每天

通行的车辆从1997年的9万辆减少到了2006年的7万辆。

（2）新加坡

新加坡很早就采取了一项旨在限制商业中心车流量的政策。1975年，新加坡城首先实行了城市通行税制度，驾车者每天都必须缴这个通行税。1998年改成了按时段计算的电子收税系统。这项政策使很多人选择在通行税不太高的时段开车通过，从而使高峰时段的汽车流量大大减少。

（3）德国

德国是采取税收政策来对付汽车污染的。自2001年1月以来，德国汽车每年的纳税额是根据汽车的功率以及汽车排放污染气体的量来计算的。此外，还实行补贴制度，对那些排放污染气体少的汽车实行补贴。那些低碳的驾车者可以好几年不用缴一分钱的税，这项政策对促使汽车生产商生产更环保的汽车起到了一定的积极作用。

环保汽车

（4）中国北京

北京奥运会期间，根据中国环境保护部公布的数据，北京的空气质量在整个奥运期间收获了10个优，7个良。而之前的16天，则是9个良，3个优，4个轻微污染；再往前退16天，则是13个良，2个优，1个轻度污染；再之前，则是12个良，4个轻度污染，没有优——前后差异之大，一目了然，而这一差异结果正是得益于北京奥运会期间倡导的自行车出行！

三、发挥公共交通魅力

新能源汽车工程任重而道远，智能交通也不是一天两天就能实现

的，难道我们要把所有希望寄托在科技进步上吗？当然不能！人类靠着集体的力量创造了很多不可思议的奇迹，如埃及金字塔、中国万里长城等等。现在，全人类要团结起来做同一件事，那就是——尽量使用公共交通，发挥公共交通的低碳魅力！

轨道交通前景广阔

1.未来公共交通的主力

轨道交通作为城市公共交通系统的一个重要组成部分，被称为城市交通的主动脉，也是发展低碳交通的最有力助推器。

（1）轨道交通的魅力

与其他交通工具相比，轨道交通不仅拥有强大的运力，更值得推广的是其突出的节能环保特性。轨道交通是一种绿色的出行方式：电力机车、动车组、地铁车辆等轨道交通移动装备，基本都是低碳排放；无论是高速电气化铁路还是城轨地铁，都基本上消除了粉尘、油烟和其他废气的污染；按照同等运能比较，轨道交通的能耗只相当于小汽车的1/9，公交车的1/2。

2009年的《世博绿色出行指南》指出，不同交通工具的温室气体排放存在较大差异，轨道交通的人均碳排放明显低于飞机、汽车等。欧盟的统计数据显示，公路交通碳排放占交通领域碳排放的72%，铁路则以16%的碳排放完成了10%的运量。而且，与常规地面公共交通相比，城市轨道交通单位运输量所产生的噪声小且集中，易于治理，通过现代技术手段可大大降低所产生的噪声，在人口集聚区，城市轨道交通往往建于地面以下，因此对周边人们工作生活环境噪声污染小。

轨道交通还具有强大的新能源优势，如果说石油能源正一天天走向枯竭的话，那么太阳能、风能、潮汐能和水力发电等新能源则是永不枯竭

的。众所周知，轨道交通，如火车、地铁、轻轨等都是在轨道上行驶的，它们都可以直接从电网获取电能，未来轨道交通将会与风能、太阳能、潮汐能、核能等新能源成为最亲密的伙伴。轨道交通在能源获取上具有可替代性的优势，是一种最能体现新能源利用价值的交通工具。

此外，轨道交通还具有效率高、用地省、能优化城市布局和带动产业发展等优势，这些都促使轨道交通成为未来公共交通的主力。

（2）丰硕的成果

目前，全球城市轨道交通的发展呈多样化趋势，技术比较成熟且已经运营的有地铁、市郊铁路、轻轨、单轨、导轨、线性电机牵引的轨道交通及有轨电车7种，其中地铁、市郊铁路、轻轨和有轨电车应用最广泛。

在世界主要大城市中，公共交通中的轨道交通占了较高的比重，在这些城市里，居民从家里外出，一般步行5至10分钟就有轨道交通。

日本东京的轨道交通系统发达到可以用“蜘蛛网”来形容，2000千米以上的轨道交通系统每天运送旅客3000万人次，担当了东京全部客运量的80%。编成东京轨道交通这张“蜘蛛网”的是各条电车线路和13条地铁线。在日本，所谓的“电车”就是电气化铁路，由于是露天行驶，所以修建费用大大低于地铁。除了电车，贯穿东京市区的13条地铁线路也是市民出行的主要依靠。为了实现在东京无论去哪儿都能在出轨道车站后步行10分钟内到达的目标，目前，东京仍在筹建多条电车和地铁线路。

准点运行是电车和地铁吸引乘客的另一个原因，乘客能非常准确地知道自己到达目的地所需的时间，而且许多线路还分设普通列车、急行列车和特急列车。此外，为简化换乘程序，在巨大的电车站或地铁站内，每隔50米左右就有换乘各条路线的指示牌，每条线路由不同颜色标识，乘客一目了然。而在轨道车站的出口，都设有公共汽车站和出租汽车站，整个公共交通系统可谓是方便至极。

英国伦敦也拥有较为完善的地铁网络系统，全长461.6千米，每天运送旅客约300万人次，共有车站273个，年客运总量为8.15亿人次。

伦敦轨道交通采用多层次多类型的交通模式，主要轨道交通系统分为地铁、快速轻轨以及高架独轨三种类型，并可再细分为七种不同层次、类型，从而组成一个综合的轨道交通系统。伦敦的轨道交通共有12条线，加上高峰时间和星期日增开的3条线路共计15条，互相交错，四通八达。换乘时不用出站，只需在站内即可换乘其他线路，可以到达伦敦几乎所有地区。伦敦的轨道交通系统非常重视“以人为本”的理念：一些重要的公交车站和地铁站几乎都建在一栋站舍内；有1/3的地铁车站和小汽车的停车场结合在一起；许多地铁车站设置在人流集中的大商店或办公楼底部，形成了十分方便的换乘体系。这种体系有效地限制了私家车进入市中心区，同时也能保证市郊的居民能在1小时内到达市中心办公地。

此外，在伦敦最繁忙的地铁线上还启用了无人驾驶列车，以提高地铁的运营效率。现在，伦敦道克兰斯轻轨列车已使用无人驾驶系统，98%的列车在计算机的控制下按时运行。

（3）探索未来轨道交通

地铁、市郊铁路、轻轨和有轨电车等只是人类探索和发展轨道交通的初步成就，随着城市自身的发展，比如发展为“卫星城市”，轨道交通的形式也会跟着改变，目前已经有一些未来轨道交通的雏形。

在英国和瑞典，有一种名为“豆荚车”的小型轻轨交通系统正在试行，美国的环保者也想把它引入美国。

这种小巧的“豆荚车”外形有如两瓣大豆荚，每部车的车厢可载四个人，长相可爱。“豆荚车”由电脑控制，在架高的环行轨道上运行，无人驾驶，乘客只要在站点上像坐电梯一样选择目的地，它便会将乘员带到所需站点。与公共交通不同的是，它更类似于出租车，因此不必站站都停，更能节省能源与时间。乘客在站点等车时，可以根据候车点的电子屏幕，知道还有多少空车可乘，以及需要等待的时间。由于所有车厢的运行都由中枢监管控制，因此不会出现撞车的情况，每辆车都能沿着最优化的线路自动行驶。在车站都设有倾斜接入的泊车

豆荚车

港，以使到站的“豆荚车”不会影响其他车辆在主要道路上行驶。

“豆荚车”以电能为动力，可以让车自带充电电池，也可以通过导轨供电，因此没有废气排放。而且，“豆荚车”的重量很轻，它所需要的轨道占地也很小，这使得豆荚车的车站能建到每个小区门口，甚至家门口，这样就使得点对点直线交通服务更个性，更安全。这种新型的豆荚车还能提供一些智能交通服务。比如它可以接送儿童上学，省去了父母往返接送孩子所花费的时间。

英国还出现了一种非常棒的城市交通工具，它是由英国设计师StefanReto Mathys设计的，叫作城市青蛙。

这是一种悬在空中的公共交通工具，有五节像蝴蝶一样可以展翅的门，乘客可以从两边上车，节省时间，乘客上去之后，两个乘客是背靠背而坐，安全舒适。而且，由于它是在空中行驶，这样就为步行者或者现有的交通工具节省了很多空间，减小交通压力。另外，城市青蛙还有自动控制电机，它可以用两根巨大的手臂像夹子一样把载客部分抓到轨道上，更值得一提的是，它可以在晚上的时候，把旅客列车变成运货工具。

2.“公共化”私人交通工具

不可否认，轨道交通是未来公共交通的主力。但现在有一种情况：某个假日，一家人想到附近的风景区露营，乘坐轨道交通当然可以很方便地到达目的地，但大包小包的行李着实会让人累得够呛！此时，还是希望有辆私

汽车共享

人小汽车可以用用。但若买车仅为偶尔使用未免太资源浪费了，怎么办呢？

很简单，我们可以成为“汽车共享俱乐部”的会员，在想用车时随时有车用，很方便。这样，即使没有拥有一辆车，我们也能通过“汽车共享俱乐部”及时满足生活中各种各样的用车需求。这种组织让私家车在某种程度上变成了“公共交通工具”，能解决人们对灵活机动的小汽车的不时之需，实际上是一种更为便捷的租车方式。

又或者，如果周围有一个用车频率稍多而时间又比较交错的群体，就可以直接组建一个私人的“汽车共享联盟”，共同出资购买几辆汽车，大家可以根据需要“共享”这些车。

总之，私人交通工具的“公共化”，可以用较少的资源，解决较多人的交通问题，是对轨道交通的一种补充，也应该是低碳化交通的一部分，值得推广。

2000年6月开业的Zip car公司如今是北美最大的汽车共享服务公司。2007年，Zip car公司宣布与其竞争对手Flex car公司合并，合并后的新公司在美国、加拿大和英国的50多个市场内拥有约18万会员，共享5000辆汽车。Zip car汽车共享的服务对象主要是那些用车频率不高的人，比如在校大学生。具体做法是：顾客每年交纳35至50美元成为会员；公司在居民比较集中的社区或市区设有租车点；会员通过因特网或电话预订一辆停在附近的车。租车费用为每小时8美元左右，24小时的价格约为60美元，收费中已包括油费、保养费、保险费和停车费等。

在大多数交易中，会员与公司不直接打交道，公司的汽车停放在车库和大街小巷，会员可以直接用会员卡在汽车玻璃前安装的隐形传感器前晃一下，打开车门，输入密码即可取出盒中的发动钥匙。使用完毕后，可以在任何专用停车点还车，锁上车门后，相关的驾驶信息便通过公司的通信渠道进入电脑系统。Zip car的专用停车点遍布各地，多数设在地面、公交车站以及办公大楼的停车地点，抵达便捷、安全、照明良好，且有显著标志。使用结束后，公司根据会员的使用时间或里程计算费用，并直接从其信用卡上划账。

同时，这家公司提供的车型都基于充分的环保和节能考虑，不仅给公司带来了良好的口碑，也赢来了客户和多方面的广泛支持。汽车共享

方式本身也有助于降低交通流量，减少大气污染，近年来在不少国家发展迅速。

四、捕捉“碳小子”

由于工业生产的固有属性，某些工业环节的碳排放是不可避免的，这个时候我们就可以用上终极杀手锏——碳捕获和封存(CCS)。CCS是一种典型的“末端治理”方式，与废气脱硫等技术结合，从而让工业废气不再咄咄逼人，还人类一个湛蓝的天空，让我们能够再一次轻松呼吸不再是梦想。

1.解读碳捕获与封存

碳捕获与封存技术的原理就是将工业和能源排放源产生的二氧化碳进行收集、运输并安全存储到某处使其长期与大气隔离的过程。据研究，CCS技术可以减少化石电厂和工业过程中90%的碳排放，对气候变化产生作用，还可以实现一定的商业价值，例如被捕获的碳可以用于石油开采、冶炼厂等，潜力无限。

国际能源机构IEA应用能源技术展望模型分析了CCS技术对全球未来碳减排的潜在作用，研究认为CCS技术将于2015年开始得到应用，至2020年、2030年、2050年，约23、85、181亿吨的二氧化碳将分别被捕获并且

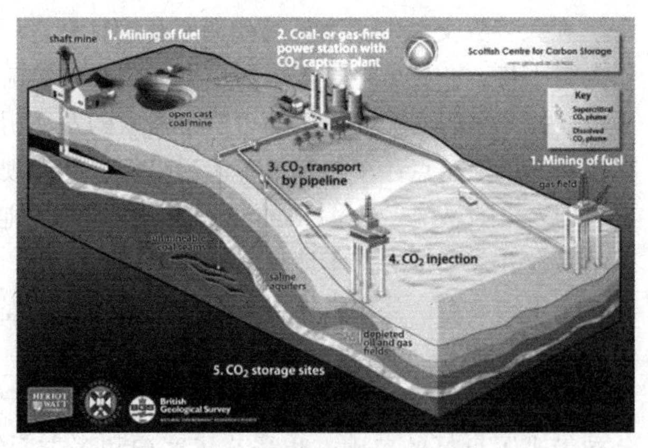

CCS技术

埋存。因此，CCS技术在未来全球二氧化碳减排中将起到至关重要的作用。

碳捕获与封存技术主要由捕获、运输、封存三个环节组成。

（1）碳捕获

二氧化碳的捕获就是将二氧化碳从化石燃料燃烧产生的烟气中分离出来，并将其压缩的过程。大量分散型的二氧化碳排放源是难以实现碳收集的，碳捕获的主要对象是化石燃料电厂、钢铁厂、水泥厂、炼油厂、合成氨厂等二氧化碳的集中排放源。现在主要有四种不同类型的二氧化碳收集与捕获系统：燃烧后分离、燃烧前分离、富氧燃烧和工业分离。

目前，二氧化碳捕获已经应用在一些工业生产实践中。马来西亚一家工厂采用化学吸附工艺，每年从燃气电厂的烟道气流中分离出2×10^5吨的二氧化碳，用于尿素生产。美国北达科他州煤气化工厂采用物理溶剂工艺，每年从气流中分离出3.3×10^6吨的二氧化碳$_2$，用于生产合成天然气，捕获的一部分二氧化碳用于加拿大的强化采油项目。

（2）碳运输

二氧化碳的运输就是将分离并压缩后的二氧化碳通过管道或运输工具运至存储地。其中管道运输是一种已经比较成熟的市场技术，将气态的二氧化碳进行压缩后提高密度，从而可降低运输成本，也可以利用绝缘罐将液态二氧化碳装在罐车中进行运输。在某些情况下，尤其是需要长途运输或需将二氧化碳运至海外时，也常使用船舶运输，但由于这种情况需求有限，目前运输规模较小。

碳封存技术

目前，美国等国家在管道运输技术方面已有成熟的应用。在美国，

从20世纪70年代到目前已有超过2500千米的二氧化碳输送管道，通过这些管道，每年有大约40×10^6吨的二氧化碳被运输到得克萨斯州用于强化采油。

（3）碳封存

二氧化碳封存将运抵存储地的二氧化碳注入地下盐水层、废弃油气田、煤矿等地质结构层、深海海底或海床以下的地质结构中。这一过程中涉及许多在石油和天然气开采和制造业中研发和普遍应用的技术，如用泵向井下注入二氧化碳，并通过在井底部的凿孔或筛子使二氧化碳进入岩层。

此外二氧化碳回注油田可以提高采油率，在煤层中注入二氧化碳，可以回收煤层气，这个过程也就是通常所说的强化采油和强化采煤层气。目前有三个工业规模的项目在采用这种技术：北海的斯莱普内尔项目、加拿大的韦本项目和阿尔及利亚的萨拉赫项目。

2.CCS大显身手

碳捕获与封存技术的发展不仅有助于实现全球碳减排，还会带动相关产业的快速发展，是低碳经济的重要组成部分，世界各国和众多公司都在争夺CCS领域的制高点，在这些主体的大力推动下CCS必然能够大显身手。

（1）欧盟的CCS推广规划

按照欧盟的规划，德国将建设两个CCS示范工程，荷兰有三个，英国有四个。德国、荷兰、英国、西班牙和波兰将分别获得约2.45亿美元的投资。除此以外，意大利将获得1.35亿美元，法国将获得6700万美元用于二氧化碳运输基础设施建设。

此外，在八国集团峰会上，各国领导人继续就能源和气候问题达成共识。欧洲希望到2015年，欧洲至少要建立10个大型CCS示范工程。那么到2020年，CCS技术就可以在全球范围内实现广泛的商业应用。要实现这个目标，这些发达国家需要在今后十多年内投入200亿美元。其中，英国是CCS领域的领头羊，2007年就建成了第一个达到商业运营规模的CCS示范工程。

（2）阿尔斯通清洁电力战略

阿尔斯通公司是为全球基础设施和工业市场提供部件、系统和服务的主要供应商之一，是全球发电基础设施领域的领先公司，为水电、燃气、燃煤、核电等利用各类能源资源的发电厂提供交钥匙整合电厂方案、设备和相关服务，其提供的发电设备现已占全球总装机容量的25%。阿尔斯通目前正专注于两大CCS技术：富氧燃烧捕捉和燃烧后捕捉。

富氧膜分离示意图

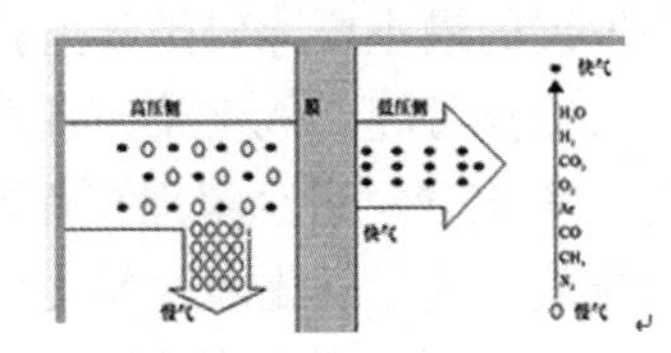

富氧膜组件

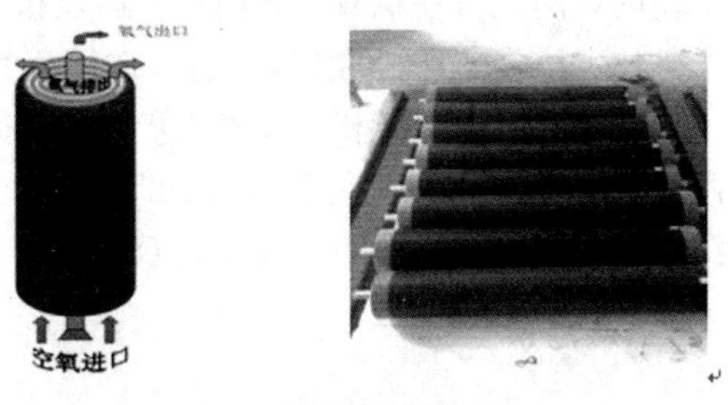

富氧燃烧原理

2015年，阿尔斯通将要提出具有商业可行性的二氧化碳捕获技术解决方案——这是全球发电及轨道交通基础设施领导者阿尔斯通公布的清洁电力战略。该战略是在阿尔斯通电力大会上透露的。据了解，目前，阿尔斯通在全球有9个试验工厂试运行有关技术，目标是到2015年实现燃烧后捕捉技术的市场化，并在2020年左右实现富氧燃烧解决方案的市场化。

E•ON Karlshamn碳捕捉试验电厂是阿尔斯通与E•ON Thermal Power合作建造的一座采用阿尔斯通的冷氨二氧化碳捕捉技术的试验装置。该电厂位于瑞典南部，试验装置采用改造后的燃烧高硫燃油的辅助蒸汽锅炉，并带有用于控制空气质量的静电除尘器和先进的湿法烟气脱硫技术。

设计能力为满负荷状态下每年捕捉1.5万吨二氧化碳，试验装置于2009年4月投产，将由阿尔斯通负责运作至少一年。试验装置配备了大量仪器，由其提供的数据与信息，对于顺利实施燃烧后捕捉工艺而言是非常宝贵的资源。

3.CCS前景展望

CCS技术是一项极具潜力的减少二氧化碳排放的前沿技术。当前CCS规模化发展的最主要障碍是碳捕获成本昂贵。根据麻省理工学院发表的一份报告，捕捉每吨二氧化碳并将其加压处理为超临界流体要花费25美元，将一吨二氧化碳运送至填埋点需要花费5美元。这也就是说，发电厂每向大气中排放一吨二氧化碳就要支付30美元。这一数字接近联合国政府向气候变化专门委员会建议的碳价格的中间值和欧盟现行的碳价格。此外，CCS的风险包含在二氧化碳捕获、运输和储存各个环节的风险，如资金成本、技术风险、管制的不确定性、碳储存的泄漏风险等。

不过，随着CCS相关技术进步以及碳捕获和封存项目的不断规模化和商业化，其成本也能得到有效的降低。总之，CCS技术完全有可能在经济发展与环境保护两个方面实现双赢局面。

五、中国低碳经济的发展

发展低碳经济已成为全球共识，同时也完全符合中国的国家利益。节能减排和低碳发展，将是中国未来发展的必然选择。

中国向低碳经济的转型

中国向低碳经济转型主要表现在重视节能减排和应对气候变化两个方面。

第一，构思可持续发展的能源对策框架。早在1992年8月，联合国环境与发展会议结束刚2个月，中国即发布了《中国环境与发展十大对策》，第4条对策是“提高能源利用效率，改善能源结构”。内容为：“为履行气候公约，控制二氧化碳排放，减轻大气污染，最有效的措施是节约能源。目前，我国单位产品能耗高，节能潜力很大。因此，要提高全民节能意识，落实节能措施；逐步改变能源价格体系，实行煤炭以质定价，扩大质量差价；加快电力建设，提高煤炭转换成电能的比重；发展大机组，淘汰、改造中低压机组以节能降耗，实现能源部规划的‘2000年全国供电煤耗每千瓦时比1990年降低60克’的目标；逐步提高煤炭洗选加工比例；鼓励城市发展煤气和天然气以及集中供热、热电联产，并把优质煤优先供应城市民用。要逐步改变我国以煤为主的能源结构，加快水电和核电的建设，因地制宜地开发和推广太阳能、风能、地热能、潮汐能、生物质能等清洁能源。”1994年3月，国务院常务会议讨论通过的《中国21世纪议程——中国21世纪人口、环境与发展白皮书》，其中第13章“可持续的能源生产和消费”设置了4个方案领域：①综合能源规划与管理；②提高能源效率和节能；③推广少污染的煤炭开采技术和清洁煤技术；④开发利用新能源和可再生能源。

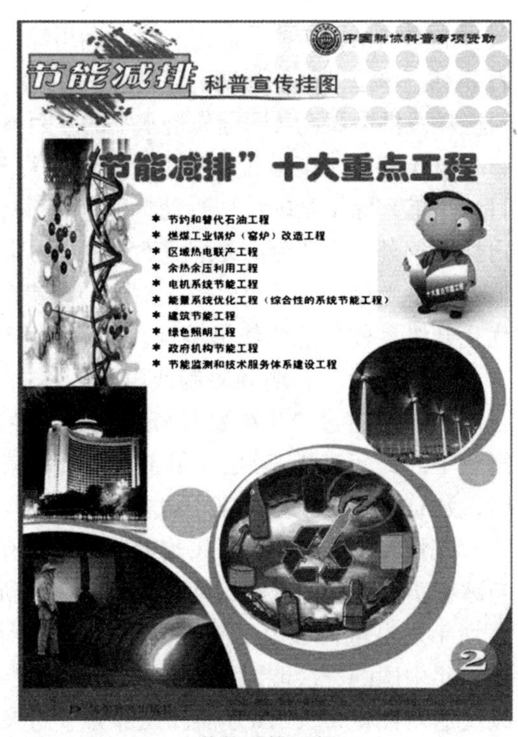

节能减排工程

第二，坚持不懈地节能减排。节约能源，是中国缓解资源约束的现实选择。中国坚持政府为主导、市场为基础、企业为主体，在全社会共同参与下，全面推进节能，明确了“十一五”期间节能20%的目标。主要措施是：①推进结构调整；②加强工业节能；③实施节能工程；④加强管理节能；⑤倡导社会节能。这些措施的节能效果显著。1980–2006年，中国能源消费以年均5.6%的增长支撑了国民经济年均9.8%的增长。按2005年不变价格，万元GDP能源消耗由1980年的3.39吨标准煤下降到2006年的1.21吨标准煤，年均节能率3.9%，扭转了近年来单位GDP能源消耗上升的势

头。能源加工、转换、贮运和终端利用综合效率为33%，比1980年高了8个百分点。单位产品能耗明显下降，其中钢、水泥、大型合成氨等产品的综合能耗及供电煤耗与国际先进水平的差距不断缩小。

2007年是节能减排政策组合出台的关键年，国家采取了一系列引人注目的举措。除了全国统一行动拆毁所有燃煤小电厂和积极推动有效开发利用煤层气外，上半年，取消了553项高污染、高耗能和资源性产品的出口退税；下半年，先后出台了天然气、煤炭产业政策，以推动能源产业结构优化升级，优化能源使用结构。从12月1日起，实施新修订的《外商投资产业指导目录》，明确限制或禁止高污染、高能耗、消耗资源性外资项目准入，同时进一步鼓励外资进入循环经济、可再生能源等产业。中央财政于2007年安排235亿元用于支持节能减排，力度之大，前所未有。同时，建筑物强制节能、家用电器节能标准等也正在逐步进入实施阶段。

据IEA预测，如果替代政策合理，会有良好效果。如：①仅靠对空调与冰箱实施严格的能效标准，则2020年前所节约的电量将相当于一座三峡大坝年发电量；②由于能效的改进，燃料的转换以及经济结构的变化，2030年中国的一次能源需求有可能降低15%；③新政策在2030年有可能削减交通用油量每天210万桶，大部分节约来自燃料效率更高的汽车；④旨在加强能源安全及减排二氧化碳的政策也有助于减轻局地污染，如二氧化硫，氮氧化物，微细颗粒物PM2.5等。

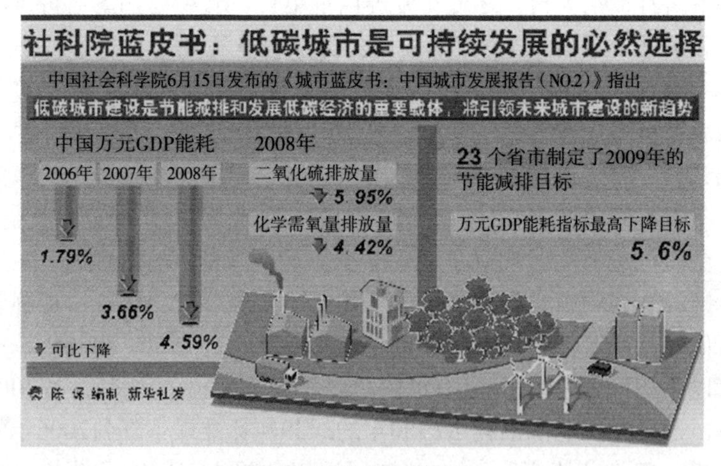

走低碳经济的发展道路

第三，高度重视全球气候变化。中国在应对气候变化方面一直是负责任的一员。2006年12月中国发布《气候变化国家评估报告》，该报告包括3部分：①中国气候变化的科学基础；②气候变化的影响与适应对策；③气候变化的社会经济评价。该报告明确提出，“积极发展可再生能源技术和先进核能技术，以及高效、洁净、低碳排放的煤炭利用技术，优化能源结构，减少能源消费的二氧化碳排放”；“保护生态环境并增加碳吸收汇，走低碳经济的发展道路。”

2007年6月发布《应对气候变化国家方案》，方案记述了气候变化的影响及中国将采取的政策手段框架，包括：转变经济增长方式；调节经济结构和能源结构；控制人口增长；开发新能源与可再生能源以及节能新技术；推进碳汇技术和其他适应技术等。科技部会同其他13个部门于2007年6月联合发布《应对气候变化科技专项行动》以落实上述国家方案。明确其重要任务为：气候变化的科学问题；控制温室气体排放和减缓气候变化的技术开发；适应气候变化的技术和措施；应对气候变化的重大战略与政策。

2007年8月，国家发改委发布《可再生能源中长期发展规划》，可再生能源占能源消费总量的比例将从目前的7%大幅增加到2010年的10%和2020年的15%；优先开发水力和风力作为可再生能源；为达到此目标，到2020年共需投资2万亿元；国家将出台各种税收和财政激励措施，包括补贴和税收减免，还将出台市场导向的优惠政策，包括设定可再生能源发电的较高售价。国家发改委还于2007年10月发布中国《核电中长期规划》。目

农业现代化

前核电占中国装机容量的1.6%，2020年规划目标是占4%。

同时，未来新能源的研发也在加快步伐。例如，同济大学研制的第4代燃料电池汽车已于2007年亮相。氢燃料电池电动车也在上海上市。该车现售2万元，大量生产后，可降低4000元，比目前的铅蓄电池电动车有竞争力。

第四，确立转向低碳的中国能源战略。2007年末的能源白皮书把中国能源战略概括为：坚持节约优先、立足国内、多元发展、依靠科技、保护环境、加强国际互利合作，努力构筑稳定、经济、清洁、安全的能源供应体系，以能源的可持续发展支持经济社会的可持续发展。

中国低碳经济的发展战略

对发达工业化国家而言，当发展阶段到了能源消费相对成熟、高能耗工业逐渐移出时，碳排放强度才会逐渐下降。故其向低碳经济转型的起点是从后工业化社会开始，主要任务是减排温室气体、实现能源安全、建立新的竞争优势与经济增长点。而我国是一个发展中大国，能源需求正在急剧增长，发展低碳经济的起点和任务与发达国家截然不同，我国不仅要节能减排，还要加快发展，必须在加快实现工业化、城市化和现代化的进程中走出一条发展低碳经济的新路。

在战略取向方面，我国的低碳发展宜采取既基于国情又符合世界发展趋势的渐进式路径，制定清晰的阶段目标和可行的优先行动计划。一是把“低碳化”作为国家经济社会发展的战略目标之一，并把相关指标整合到各项规划与政策中去，结合各地实际情况，探求不同地区的低碳发展模式，努力控制碳排放的增长率。二是在可持续发展前提下，把低碳发展作为建设“两型”社会和创新型国家的重点内容，纳入新型工业化和城镇化的具体实践中。三是利用国际后金融危机的契机，充分利用碳减排、能源安全和环境保护的先进技术，不断提高我国低碳技术与产品的竞争力，减少潜在的“碳锁定”影响，逐步向低碳转型，实现跨越式发展。四是积极参与国际上关于低碳能源和低碳能源技术的交流与合作，引进国外先进理念、技术和资金，通过新的国际合作模式和体制创新，促进生产与消费模式的转变。我国发展低碳经济，在积极开展国际合作的同时，最终主要还是要靠自己。五是积极参与气候变化国际谈判和低碳规则的制定，为我国争取合理的发展空间。通过承诺符合国情与实际能力的自愿减缓行动，提升负责任大国的国际形象。同时，坚持要求发达国家率先大幅度减排，并建立“可计量、可报告、可核实”的技术转让与资金支持新机制。

生态系统观测点

在战略目标方面，据国内多家权威机构研究，到2020年，我国单位GDP的二氧化碳排放量有可能实现显著降低。如能在有效的国际技术转让和资金支持下，采取严格的节能减排技术和相应的政策措施，中国的碳排放有可能在2030–2040年达到峰值之后进入稳定和下降期。

在战略重点方面，走低碳发展道路，必须结合国内优先战略发展目标和各行业自身特点，把握好低碳重点领域，以尽可能低的经济成本和碳排放量，获取最大的整体效益，逐步实现整个国民经济“低碳化”。重点包括6个方面：①工业生产、交通和建筑领域。开展高能耗行业的能效达标管理，淘汰重点用能部门的落后产能和强化新建项目的能效监管，努力获得低碳产品和低

低碳经济

碳技术的国际竞争力。②工业化和城市化进程中，要以低能耗、高能效和低碳排放的方式完成大规模基础设施建设。③优先部署以煤的气化为龙头的多联产技术系统开发、示范和整体煤气化联合循环技术等先进发电技术的商业化，开发新能源汽车和新型节能建筑，总结推广最佳实践技术，探索碳捕集与封存技术的可行性，在煤炭清洁利用等相关领域达到国际领先水平。④加快进口和利用优质油气资源，探索可再生能源在国家能源系统中的优化配置模式，建立健全多元化的能源供应体系，转变能源结构，改善能源服务。⑤深入研究农田、草地、森林生态系统的固碳作用，通过生物和生态固碳，减缓气候变化。⑥加强适应气候变化的策略研究和能力建设。

六、走向低碳经济：欧盟战略

欧盟在发展低碳经济方面有一个最大的特点，那就是理念创新和政策创新先行于美国和日本，技术创新跟进日本。

欧盟的能源与应对气候变化的政治目标是，到2020年使温室气体排放量减少20%，在欧盟能源结构中使可再生能源所占比例达到20%，到2020年使欧盟的一次能源的使用量削减20%，通过二氧化碳排放量交易以及征收能源税来确定碳价格，形成有竞争力的“区域内能源市场”并且制定相关的国际能源政策。

但是，在低碳技术创新方面，欧盟在许多技术领域落后于日本。欧盟自己承认，“自20世纪80年代以来，欧盟各国的政府科研机构和企业界对能源技术研究的预算都大幅度下降，对能源技术的研发能力及科研基础设施的投资处于长期不足的状态”。

除了创新投入不足之外，欧盟成员国的技术创新能力参差不齐，这是欧盟创新体系的一大弱点。例如，同是欧盟成员，德国和波兰之间的技术创新能力有“天壤之别”。总之，欧盟的技术创新的资源四处分散，虽然政策目标远大宏伟，但是概念性、框架性的计划过多，像日本那样的针对性强，目标十分具体，研发与商用化战略明确的内容较少。再加上欧盟对27个成员国的创新资源的协调效率一直不高。这些都是欧盟在低碳技术创新中落后于日本的主要原因。因此，欧盟特别重视积极开展和日本在低碳技术创新领域的合作。例如，在2009年3月，欧盟委员会联合日本经济产业省在东京共同组织召开了“能源技术领域欧盟和日本战略工作会议”，并且制定了双方在低碳技术创新的具体合作项目以及共同行动计划。欧盟还通过日本科学技术振兴机构在日本全国主要大学和科研机构募集日本的科研人员参加2007–2013年的“欧盟第7次研究框架计划(FP7)”中有关低碳技术的研究活动。

低碳技术

欧盟委员会在战略上非常清醒地意识到向低碳经济转型需要花费数十年的时间，经济转型几乎涉及所有的经济与产业领域，为了保证欧盟在应对气候变化的同时经济持续增长，并且在低碳经济领域的国际竞争力，目前的10年是决定胜负的关键时期。欧盟的战略是制定有针对性的政策促进具有成本效益的低碳技术的创新，并且加快低碳技术在欧盟区域的普及步伐，从而使欧盟的相关产业和重要部门拥有低碳技术的竞争优势。

欧盟认识到，由于低碳技术既没有自发的市场需求也没有短期的商业利益。供求之间的差距也被认为是低碳技术的“死亡之谷”。因此，必须由政府出面进行干预，鼓励技术创新。为此，欧盟在2007年11月发表了《欧洲能源技术战略计划》。该战略计划的宗旨是为实现欧盟的能源与应对气候变化的政治目标而全力推进低碳技术的创新与开发。

欧盟对低碳经济相关科学技术的研究主要涉及三个方面。一是有关气

候变化及其影响的研究；二是有关如何减缓气候变化的研究；三是有关气候友好型技术，即低碳技术的创新。在2000－2006年，欧盟在以上三个方面的研究投入了20亿欧元。在2007－2013年，也即欧洲第7次研究框架期间，将投入90多亿欧元。其中，环境研究的预算为18.9亿欧元，能源研究23.5亿欧元，运输研究41.6亿欧元，宇宙与地球环境安全检测的研究预算为14.3亿欧元。

欧盟为了推进低碳技术创新成果的实际应用，采取了“技术推进”与“市场拉动”相结合的政策手法。所谓“市场拉动”就是创造低碳技术的市场需求。欧盟的排放权交易系统对欧盟区域内1.2万个能源集约型设施的二氧化碳排放量进行管制。为了应对这种管制，能源集约型设施一方不得不推进排放抑制技术，也即低碳技术的应用，从而产生了对低碳技术的需求。此外，“绿色认证制度”以及对可再生能源的财政补贴制度也是促成市场需求的有效手段。

欧盟认为，低碳技术在实现自己的能源与气候变化目标上发挥着至关重要的作用，为此，专门制定了“欧洲战略能源技术计划”以加快发展和实施这些技术的步伐。“战略性能源技术计划”将满足3个方面的需要，一是应对气候变化；二是确保能源的稳定供给；三是提高欧盟整体在低碳技术领域的竞争力。欧盟认为，这项计划的实施有助于欧盟在低碳技术创新的领域成为世界的领袖，而且，欧盟的企业也将因此受惠。该计划将在人力资源与资金两个方面确保低碳技术创新资源的优先且有效地投入。在欧盟的层次确保竞争资源投入到具有最高价值的技术领域，为此还要协调成员国的行动。

太阳能发电

欧盟认为，要实现2020年目标，必须加强研究，降低成本并且采取积极主动的措施，创造商业机会，刺激市场发展和消除阻碍创新以及低碳技术市场推广的非技术障碍。欧盟还认为，要实现2020年目标，在未来10年，自己将面临以下14项技术上的重大挑战：

①制定替代化石燃料的第二代生物燃料方案，同时确保化石燃料生产的可持续性。

②通过行业示范推广使用二氧化碳回收、运输和储藏技术，包括全套系统效益和远景研究。

③使最大的风力涡轮发电机的发电量翻一番，以近海风力作为主要应用项目。

④建立大规模光电和相集中太阳能商业发电的示范项目。

⑤使欧盟智能电网能够吸纳可再生能源和分散能源产生的大规模电力。

⑥将建筑、运输和工业部门的高效能源转换和最终使用设备与系统推向市场，比如多联产和燃料电池。

⑦保持在裂变技术以及长期废弃物管理解决方案上的竞争力。

⑧提高新型可再生能源技术的市场竞争力。

⑨在能源存储技术的成本效益上有所突破。

⑩开发技术和创造条件使氢燃料电池汽车能够商品化。

⑪为新型裂变反应堆可持续发展示范项目做好准备。

⑫建设ITER聚变发电厂，确保各行各业尽早参与示范项目的准备工作。

⑬制定发展跨欧洲能源网络和其他有助于未来发展低碳经济的系统的暂行愿景和转型方案。

⑭在能源效率研究中有所突破，例如，材料、纳米科学、信息与通信技术、生物科学和计算。

七、布什政府的“美国实力”

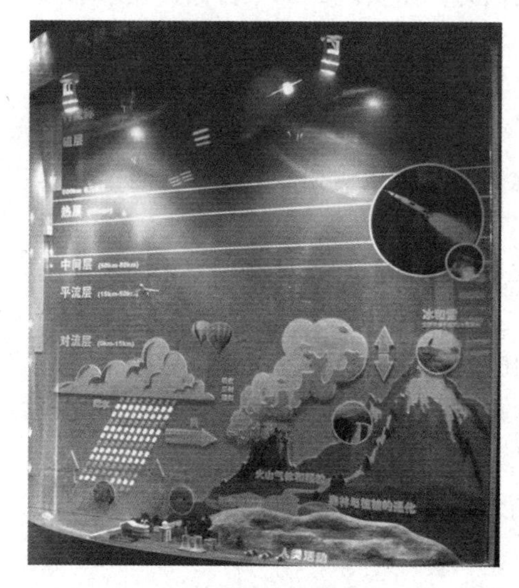
气候系统模型

欧盟在低碳技术创新方面最核心的概念是“气候变化，能源供应安全与竞争力”，先有明确的减排目标和扩大可再生能源的目标，然后确定实现这些目标的技术手段，也即低碳技术的创新战略。

与此相对比的是美国共和党布什政府的相关政策。美国的能源技术的核心概念是“保障能源供应的安全，降低能源成本，促进清洁能源发展，同时降低温室气体的排放量”。换句话说，应对气候变化只是次要的目标。

美国的低碳技术创新政策，应该分为两个时期来分析，前一时期是共和党布什政府的能源与环境的技术政策，后一时期是民主党奥巴马政府的低碳技术创新的政策或是构想。

布什政府的“美国气候变化科学方案”

在美国，特别是国会，有一股强大的势力，对地球变暖与温室气体排放的相关性持怀疑态度。在2001年5月，布什总统针对气候变化的科学性问题，要求美国国家科学总院的国家研究委员会对气候变化的认识情况进行调查和研究。国家研究委员会在调查报告中得出结论：“过去几十年观察到的气候变化很有可能是人类活动造成的，但我们不能排除其中有些较大的变化也是自然变异性的反映。”报告还指出我们在衡量温室气体对气候系统的影响上还存在很大差距。要比较有把握地预测未来气候变化，必须在了解气候系统和建立气候系统模型上有重大进步，包括对自然和人为力量的响应，建立影响温室气体在大气中浓度的因素的模型以及收集控制气候敏感性的反馈。

全球气候变化

2001年6月，联邦政府发表内阁气候变化工作小组临时报告，布什总统宣布要实施《全国气候变化技术计划》。此计划获得了联邦政府的大笔拨款旨在开展气候变化研究和其他活动，它预示着美国意图在气候变化技术上取得世界领导地位。布什总统声称："我们将制定《全国气候变化技术计划》，以加强高校和国家实验室的研究，促进在应用研究上的合作，完善温室气体排放监测技术和扶持先进技术示范项目。"

2002年2月，布什总统重新安排了联邦政府对气候变化类活动的监督、管理和行政工作。他成立了气候变化科技整合内阁委员会，让委员会负责协调和促进气候变化的科学和技术研究。该项措施直接使所有相关部门的负责人都参与到指导这些活动中来。气候变化机构间工作组直接受气候变化科技整合内阁委员会领导，主要由各部门副手组成。

布什总统制定了在2002–2012年间使美国经济的温室气体排放强度减少18%的目标。为此，联邦政府已制定了一系列政策措施，包括金融刺激政策、自愿项目和其他政府工作。这些工作包括"行业自主创新行动计划""气候领袖""能源之星"和"高效运输伙伴计划"。这些计划全都是与行业合作自愿减少温室气体排放量。

在美国，主导能源技术创新的政府机构是美国能源部。能源部起草的《美国能源政策法》第1605项条款批准的"自愿报告温室气体"方案开始鼓励经济实体减少温室气体排放量。

在气候变化科技整合内阁委员会的领导下，美国制定了两个多机构方

案以协调联邦政府在气候变化科学研究方面的活动并实现总统“气候变化研究计划”和“全国气候变化技术计划”中提出的规划。这两个方案分别是由美国商务部主导的“美国气候变化科学方案”和由美国能源部主导的“美国气候变化技术方案”。

“美国气候变化科学方案”是由联邦政府各机构共同参与的研究规划与协调机制，负责促进联邦政府所扶持的研究项目的战略方法的制定工作，并且协调各个参与机构的互动。总的来说，在气候变化科学方案下开展的活动构成一个综合性的研究方案，主要研究全球环境系统的自然变化和人为变化，密切关注重大的气候参数，预测全球变化和为国家和国际决策提供合理的科学依据。其主要目标是加强对气候变化及其可能造成的后果的了解。气候变化科学方案直接受商务部海洋与大气部部长领导，通过机构间工作组向气候变化科技整合内阁委员会汇报。

在2003年7月，气候变化科学方案发布了指导气候研究的战略计划。该计划重点放在五个目标：①加强对气候历史和变化的了解；②提高对影

二氧化碳回收装置

响气候的因素进行量化的能力；③减少气候预测上的不确定性；④加强对生态系统和人类系统的敏感性和适应性的了解；⑤研究控制风险的方案。在2005会计年度，联邦政府拨款20亿美元开展与促进气候变化科学有关的研究。

国家研究委员会对气候变化科学方案制定的战略计划进行审查后认为，联邦政府的做法是正确的，并指出该计划“明确提出了一个具有指导性的前景，目标合理，涉及面很广”。国家研究委员会的报告还指出需要建立起全球观察系统，以便支持对气候变化的测量。

布什政府的“美国气候变化技术方案”

气候变化技术方案是与气候变化科学方案相似的技术机构。它是一个由能源部领导多机构规划与协调单位，旨在加快新技术开发的步伐以便迎接气候变化带来的挑战。该机构与参与机构合作，为整个联邦政府研发项目中与气候变化技术方案有关的要素提供战略方向和协调技术开发的规划、设计、预算及实施活动，以及美国气候变化战略的推广应用，包括促进总统的“全国气候变化技术计划”的实施。气候变化技术方案在能源部高级官员的领导下，并直接通过机构间工作组向气候变化科技整合内阁委员会报告。

气候变化技术方案旨在形成一个多样化的统一协调的方案，包括将重点集中在提高能源效率、发展减排技术、二氧化碳回收与储藏技术以减少二氧化碳气体排放的各种推广活动上。开展这类研发将有助于降低技术风险，促进技术以市场为导向，最终走向市场。

该方案还包括采取短期措施减少温室气体排放强度，促进气候变化科学的发展和促进国际合作。气候变化技术方案的目的是加快先进技术的研发速度和降低先进技术的成本，促进能够避免、减少或捕获和存储温室气体排放量的先进技术和最佳实务的应用和推广。布什总统确立气候变化技术方案以推行他的“全国气候变化技术计划”和协调目前工作。该计划利用美国在创新和技术上的优势解决气候变化问题。

该计划的重点是技术研究、开发、示范和应用推广，为未来发展提供

路线方针。气候变化技术方案的规划是与各方合作发展技术，从而保障全球能源的安全供应，降低能源成本，促进清洁能源发展，为经济增长提供所需的动力，同时大幅降低温室气体排放，化解气候变化和温室气体浓度日益增长可能带来的风险。

气候变化技术方案的任务是通过联邦政府机构间气候变化技术研发方案和投资刺激和加强美国科技公司的实力，并与各方合作取得全球领导地位，加快有助于实现气候变化技术方案前景的技术的开发与市场推广的步伐。

八、日本在低碳技术中的优势

在低碳技术创新中，日本有两项优势。一是现有节能技术的优势。自从20世纪70年代日本经历了石油危机之后，举国上下推进节能的技术开发和应用，积累了大量的节能经验，使得日本在能源效率方面名列世界前茅。例如，在1980–2008年大约30年的期间内，日本的能源效率提高了38%。在2005年，世界主要国家的单位GDP能耗之比中，世界平均为3，日本为1，欧盟区域主要国家为1.9，美国为2，韩国为3.2，印度为6.1。

就能源指数而言，在火力发电领域，每获得1千瓦电力的能源指数日本为100，德国为110，美国为117。在水泥生产领域，日本的能源指数为100，欧盟主要国家为130，美国为177。在钢铁生产领域，每制造1吨钢的能源指数，日本为100，韩国为105，欧盟主要国家为110，美国为118。仅就日本与欧盟主要国家进行比较可知，欧盟的能源消费量为日本的1.8倍，换句话说，欧盟如果要实现日本现有的能源效率，必须减少46%的能源消费量。因为节能是减少二氧化碳等温室气体排放的一个极为有效的途径。所以，日本在节能领域的主要工作是努力降低现有节能技术的成本。

日本在低碳技术创新中第二大优势是在政府的强有力的推动下确立了明确的中长期技术创新的战略和具体的技术研发路线图。政府和产业界不断地在加大对低碳技术创新的投入，而且，在政府的主导之下形成了十分有效的“产官学”一体化的创新体系和创新成果推广应用的途径。

在2007年，日本政府就提出了到2050年实现全球温室气体比2005年减半的长期目标。日本政府认识到为了实现这一长期目标，现有的节能减排技术，也即日本在20世纪70年代石油危机以来开发的节能技术已经难以胜任，据日本能源专家的研究分析，日本现有的节能技术对实现2050年温室气体排放量减半的目标只能贡献38%，剩余的62%必须通过低碳技术的创新与应用才能实现。为此，日本必须在把研究开发的资源重点放在可以领导世界的技术领域，加速低碳技术的创新，确保日本在低碳技术领域的世界领先地位。

在2007年，日本制定了《新国家能源技术战略》，计划在2030年之前，使日本的能源效率比2007年的水准进一步提高30%。为此，日本制定了《节能先行者计划》和《节能技术战略指导纲要》以及《节能投资与市场评价机制指南》。日本的《新国家能源技术战略》为了有效地推进技术创新，站在长期战略的视点，以俯瞰技术体系的方式，从庞大的技术群中挑选出开发和实用的波及效果最大的要素技术，挑选了“超燃烧系统技术”，“跨时空能源利用技术”，“节能型信息生活空间创造技术”，“先进型交通社会的构建技术”以及“新一代节能元器件技术(也称‘功率电子器件技术’)”的五大领域作为低碳技术创新的主攻目标。日本政府还在税制优惠，政策与资金扶持等方面促进这五大重点技术领域的创新。积极推进跨行业以及横跨研究领域的协同创新，力求发挥相辅相成的节能效果。

日本从2008年5月开始投资300亿美元实施《环境与能源革新技术开发计划》。在这里，所谓“环境与能源革新技术”是指“具有超越现有环境与能源技术的革新性，而且有助于在2050年的世界能够大幅度减排温室气体的技术”。

在2008年，日本内阁府“综合科学技术会议”制定了“环境能源技术创新战略”确定了发展低碳经济，应对气候变暖所需的技术创新的基本政策。

节能燃烧系统技术

1.超燃烧系统技术领域

在钢铁、有色金属、石油化工等化石能源的消费非常大的能源集约型的高碳产业，应用通过技术创新开发实现的“革新型生产制造系统”，采取与现有的化石燃料的燃烧方式完全不同的“反应控制型燃烧”，“热物质再生燃烧”以及“程序复合型燃烧”等“超燃烧系统技术”，使燃烧效率达到最大极限，生成的热能的有效利用达到最大极限，从而在上述产业领域实现能源利用的高效率化，减少二氧化碳的排放量。

2.超时空能源利用技术领域

超时空能源利用技术将能源按“热能源”“电气能源”“化学能源”的三种形态，开发能源的回收、储藏与运输的新技术。最大限度地减少目前从事生产制造的产业部门与日常生活消费部门之间由于能源使用的时间带差异、场所差异、能源的质与量的差异所造成的能源浪费，根据能源需求与供给的计测、预测和控制技术，跨越时间与空间的限制，在全社会实现能源的有效利用。

3.节能型信息生活空间创生技术领域

在民用和业务部门，通过在家电和办公信息机器设备中应用“领跑者基准”进一步实现能源的合理使用。有必要开发新的技术以减少或抑制高度信息化的生活方式和工作方式对能源消费的大量需求。

在这一领域开发的重点是：①空调与热水器用热泵技术的小型化与高性能化；②高效率发光的LED与有机EL等新光源技术；③新一代节能型显示屏；④电力消费极低的大容量高速通信设备；⑤以及节能型网络机器设备等。

4.低碳型交通社会构建技术领域

家用汽车和货运汽车的能源消费量在日本整个运输部门的能源消费量中占到80%，要建设节能型交通社会，汽车电动化是一个重要途径。日本要在价格和技术两个方面推进电动汽车、燃料电池汽车、混合能源汽车等汽车电动化的技术开发，同时还要开发汽车内燃机的低燃费化技术。另一方面，要开发车辆间通信技术和交通控制系统等ITS高度化技术，以便实现推进汽车利用形态的高度化，削减能源的消费量。日本还要开发“双模式交通系统”技术。例如，开发即可以在并用轨道上行走又可以在一般道路上行走的超小型车辆以及利用系统，以便促进从家用汽车向公共交通的转换，货车向其他物流系统的转换。

5.新一代节能半导体元器件技术领域

在信息家电以及生产制造和交通运输等领域应用广泛的半导体器件所消费的电力相当大，它的节能潜力也相当大。日本要在节能效果非常大的SiC器件技术、GaN器件技术、钻石器件技术等功率器件技术开发方面尽早取得重点突破，并尽早使之普及商用。日本还必须在半导体器件的节能领域首先制定新一代节能半导体器件的世界标准。

为了具体落实上述五大重点技术领域的创新，日本政府还制定了“技术战略图”，根据“技术战略图”动员由政府、产业界、学术界构成的国

家创新系统调动国家和民间的资源，全方位立体地展开低碳技术的创新攻关。日本的“技术战略图”由以下三个部分组成。

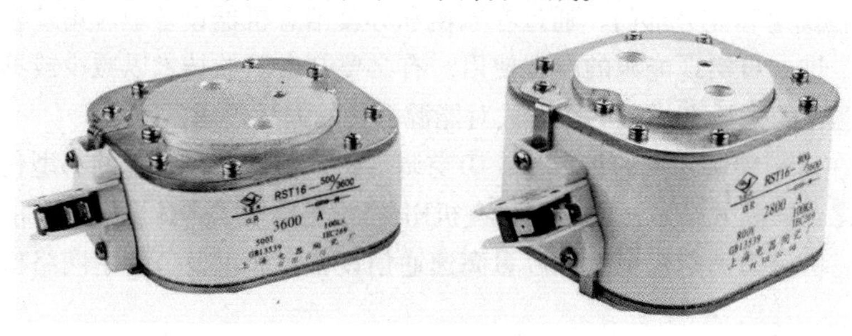

半导体器件

(1)导入前景。明确技术创新的最终目标，整理并且明确制度改革，标准化等创新所必需的相关政策，在时间轴上有效地推进“产官学”研究开发机构的协同合作以实现国家的创先目标。

(2)技术图。俯瞰实现创新目标所需的技术体系，从整合性和一贯性的立场推进技术开发，提示在各个时期必须完成实现的重要技术研发目标。

(3)技术开发路线图。在时间轴上把研究开发中的要素技术、技术功能和技术开发的进展按里程碑方式加以记载，从而在轴上明确研究开发中必须实现的技术目标，便于评价研究开发的进展状况。另一方面，可以让“产官学”研究开发机构共同拥有研究开发的设定目标，以便加强协作。

第二章

学会减碳，打造地球大氧吧

一、低碳生活势在必行

一个人的碳足迹

我们每天的日常生活，比如开车外出、点火做饭、供热取暖等等，都会产生二氧化碳，就像我们走路会留下足迹一样，我们的日常生活和行为会对自然界产生影响。把每个人在不断增多的温室气体中留下的痕迹形象地称为碳足迹，就是一个人或者团体的碳耗用量。碳，就是石油、煤炭、木材等由碳元素构成的自然资源。碳耗用得多，导致地球变暖的二氧化碳等温室气体也产生得多。

我们的日常消费中，也会造成二氧化碳的排放。例如，用电，是间接排碳，背后是消耗了煤炭；开车，背后是消耗了石油；吃肉，背后是动物消耗了大量的生产氧气的植物，而这些动物本身又排出大量二氧化碳……为了减少碳排放，我们有责任转变各种“高碳”生活，倡导“低碳”生活。

一个人的碳足迹，可以分为第一碳足迹和第二碳足迹。

第一碳足迹是因使用化石能源而直接排放的二氧化碳，比如一个经常坐飞机出行的人会有较多的第一碳足迹，因为飞机飞行会消耗大量燃油，排出大量二氧化碳。

第二碳足迹是因使用各种产品而间接排放的二氧化碳，比如消费一瓶普通的瓶装水，会因它的生产和运输过程中产生碳排放量，从而带来第二碳足迹。

我们都有自己的碳足迹，它指每个人的温室气体排放量，以二氧化碳为标准计算。碳耗用得多，二氧化碳也制造得多，碳足迹就大，反之碳足迹就小。

碳计算相当复杂，根据不同的个人会有不同的变数，碳足迹的计算包括一切用于电力、经济建设、乘汽车、飞机、铁路和其他公共交通工具的

碳足迹

能源，以及我们所使用的所有消耗品。

事实上，温室气体并不仅仅包括二氧化碳，其他温室气体还包括甲烷、臭氧、氧化亚氮、六氟化硫、氢氟碳化合物、全氟和氯氟烃等。鉴于此，美国多数碳足迹计算包括所有适用的气体，因为这些都有助于我们认识和了解温室效应与地球变暖。

我们可以根据需要计算个人的碳足迹，计算一个家庭的碳足迹，也可以单独计算一次旅行的碳足迹，还可以单独计算食品的碳足迹。

我们的低碳行动会减少多少碳排放量

日常生活中，我们的高碳消费会增加多少碳排放？或者说，我们的低碳行动会减少多少碳排放呢？

少搭乘1次电梯，就减少0.218千克的碳排放。

少开冷气1小时，就减少0.621千克的碳排放。

少吹电扇1小时，就减少0.045千克的碳排放。

少看电视1小时，就减少0.096千克的碳排放。

少用灯泡1小时，就减少0.041千克的碳排放。

少开车1千米，就减少0.22千克的碳排放。

少吃1次快餐，就减少0.48千克的碳排放。

少烧1千克纸，就减少1.46千克的碳排放。

少丢1千克垃圾，就减少2.06千克的碳排放。

少吃1千克牛肉，就减少13千克的碳排放。

省一度电，就减少0.638千克的碳排放。

省一个字的水，就减少0.194千克的碳排放。

省一个字的天然气，就减少2.1千克的碳排放。

用传统的发条式闹钟替代电子钟，每天可减少48克的二氧化碳排放量。

把在电动跑步机上45分钟的锻炼改为到附近公园慢跑，可减少将近1千克的二氧化碳排放量；不用洗衣机甩干衣服，而是让其自然晾干，可减少2.3千克的二氧化碳排放量。

将60瓦的灯泡换成节能灯，可将二氧化碳排放量减少80%。

改用节水型淋浴喷头，每次不仅可以节约10升水，还可以把3分钟热水淋浴所导致的二氧化碳排放量减少一半。

如果一天可以做到每一项，那么我们可以每天减少21.173千克的碳排放量。

如果全中国每一人每一天都能做到每一项，那么我们每天可以减少29642200000千克的碳排放量，约合3×10^8吨。

如果全世界每一人每一天都能做到每一项，那么我们每天可以减少1058650000000千克的碳排放量，约合11×10^8吨。

看了以上数据，你一定会对高碳消费有更强烈的节制心，对低碳行动有更强的行动欲望。你可以参考以上数据，建立自己的低碳档案。至少时常翻翻以上数据，不要使自己过于沉溺于高碳消费享受中，这样就可以培养起自己对环境和他人强烈的责任心。

二、学会低碳生活

低碳生活代表着更健康、更自然、更安全，更容易让人类返璞归真，回归自然。

今天，民众中流行这样的问候："你今天减碳了吗？"

低碳一族学会为地球减负

煤炭、石油等化石能源的大量使用，产生了大量的二氧化碳，导致了全球变暖。全球变暖后又带来了一系列的灾难，如频繁的台风、干旱、洪水，冰川加速融化，物种加速灭绝。而我们每天都要进行的呼吸、上网、用电、坐车等活动，包括吃饭，都能造成二氧化碳的排放。

那么，人从早上起床到晚上睡觉，一天到底排放了多少碳呢？根据统计，中国人每年碳排放量的平均水平为4.1吨。

许多人关注环境后，也开始在生活细节上更注意节能减耗，方式方法也更科学新潮，低碳生活也成为一种新兴的生活态度。很多低碳达人为了明明白白低碳，天天都算计自己的碳排放量。

目前许多人生活中已经开始流行各种低碳生活计算器，如碳排放计算器、碳排放量计算网站等等。使用这些计算器后，我们会明白原来生活中一点一滴都是可以量化为数字的。知道了这些数字，就会明白怎么做才能抵消这些碳排放量。

化石能源的大量开采

任何一个低碳族都可用碳排放计算器来计算自己的低碳生活：走楼梯上下一层楼能减少0.218千克碳排放，少开空调一小时减少0.621千克碳排放，少用一吨水减少0.194千克碳排放，少用10双一次性筷子，可减少0.2千克二氧化碳的排放。连少吃一顿肉也是环保，因为畜牧产品的生产比蔬菜会耗费更多的能源，少吃0.5千克的肉，可减排二氧化碳700克。

有人怀疑我们点点滴滴都在注意低碳，真的能缓解地球变暖吗？一个人做这件事情肯定改变不了变暖趋势，但是所有人都过低碳生活，对减缓地球变暖的效果是非常巨大的，而且所有人都有责任来做这件事情。二氧化碳在地球上能够存在上百年，现在地球上的二氧化碳还是工业革命以来人类制造的。在100年内，全球二氧化碳的排放量将增加到原有的两倍左右，所以这些二氧化碳和每个人都息息相关。

过去，在应对气候变暖问题上，人们把更多的目光聚焦于减少工农业生产领域的二氧化碳排放，却往往忽视了日常生活所产生的二氧化碳排放。其实在日常生活中，每个人都在制造碳排放，因为居民生活用能使用了大量的煤炭、石油等化石能源，它们占到能源消费量的大约近三成，相应地二氧化碳排放量的三成也是由居民生活行为造成的。居民成了二氧化碳排放者，所以就有义务消减二氧化碳。

据统计，我国人均每年二氧化碳排放量为4.1吨。在常温及标准气压下，1吨二氧化碳的排放所占空间为556立方米，它所占的空间，相当于一个中型游泳池。如果要抵消这些二氧化碳，按照1棵树吸收78.5千克碳排放量来计算，每个人每年种35棵树就可以抵消自己的碳排放量。

低碳生活六大法则

合理利用废弃材料是低碳生活的第一法则。

废弃的易拉罐，海绵，一些玻璃制品，生锈的铁板，各种厚度、形状的钢板和钢管，这些东西看起来没有什么用了，只是废料，但是扔掉它们之前再想想可不可以用得上。这些物品只要巧妙合理利用，它们还有可以再使用的价值，这样不但能废物利用，而且还能为减少碳排放尽一份力。

低碳生活的法则二是居住要合理。

居住只要能满足生活所需，不造成拥挤，不一定要住大房子。在居住时，要充分利用居住面积，减少不必要的空间浪费，这个也是降低碳排放的最有效途径。例如在比较有效的面积上，使用翻转变换的床、沙发、桌面，多功能利用可以有效节约空间，降低碳排放。

低碳生活的法则三是利用公共空间。

合理的废物利用

在一些小户型社区，住户的居住空间小，但是这样却完全可以不影响生活空间。这就需要社区建有必要的起居饮食，休闲娱乐、洗衣晾衣、图书馆等设施，这样可减少每家不必要的空间浪费。

低碳生活的法则四是学会家具改造再利用。

旧家具虽然过时了，但是扔掉却很可惜，将它们改造成新家具，或者做其他用途，再用既减少污染又降低生活成本。不过，改造也分专业与非专业两种。购买品牌家具时，家具商可以帮忙改造它们，可以根据使用者年龄、需求及喜好的变化，对家具功能、形状及颜色进行调整，自己动手翻新，可以采用一些手段来改变旧家具的外观，使其旧貌换新颜。

低碳生活的法则五是有效使用二手家具。

不管是自己租房，还是买房子装修，可以尝试淘一些好的二手家具。买二手家具，可以去旧货市场、社区流动摊贩或在网络购买二手家具。买二手家具是一个很好的选择，既省钱又为家具回收和低碳作了贡献。

低碳生活的法则六是为自己的碳排放埋单。

你在生活中制造的碳排放量，可以通过支持环保事业，进行抵消。例如，自己每个月使用了多少度电，然后将这些电换算成的碳排放量，然后从事一些环保事业，以此抵消自己碳排放。

三、学会低碳健康的生活方式

健康的含义

什么是健康呢？《辞海》上说，健康是“人体各器官系统发育良好，体质健壮，功能正常，精力充沛，并具有良好劳动效能的状态。通常用人体测量、健康检查和各种生理指标来衡量”。20世纪70年代，世界卫生组织明确指出：“健康不但是没有身体缺陷和疾病，还要有完整的生理、心理状态和社会适应能力。”也就是说，人的健康不仅包括生理健康，同时也包括心理健康。

健康的具体标志有以下几个方面：(1)有足够充沛的精力，能从容不迫地应付日常生活和工作的压力而不感到过分紧张；(2)处世乐观，态度积极，勇于承担责任，事无巨细不挑剔；善于休息，睡眠良好；(3)应变能力强，能适应外界环境的各种变化；能够抵抗一般性感冒和传染病，体重适当，身材均匀，站立时，头、肩、臂的姿势协调；(4)眼睛明亮，反应敏锐，眼睑不发炎；牙齿清洁，无空洞，无痛感，牙龈颜色正常，无出血现象，(5)头发有光泽，无头屑，肌肉、皮肤富有弹性，走路感到轻松。

健康之门的钥匙在谁手里

有病找医生，似乎我们健康之门的钥匙在医生手里。其实，健康之门的钥匙在我们每一个人的手中。有关医学专家断言，如果坚持文明健康的生活方式，就可以大大减少疾病的发生。世界卫生组织在1992年提出的《维多利亚宣言》中的健康四大基石是：合理膳食、适当运动、戒烟限酒、心理平衡。有数据表明遵守这一宣言能使患高血压的概率减少55%，脑猝死、冠心病大大减少。如此简单的生活方式，不花什么

适量饮用酒精饮料

钱，保一生平安。

为此，专家们呼吁人类在对待健康和生命问题上要实现三大转变，那就是由有病治病转为无病保健，由药物治疗转为非药物治疗，由因病痛离开人世转为颐养天年，无疾而终。

世界卫生组织曾提出这样的理念："自己的健康自己负责。"

健康的保证，不能片面地迷信医生，也不能片面地依赖药物，它更来自于自身的努力，需要用健康的心态、健康的观念和健康的生活方式去面对疾病的侵袭。事实上，不仅在疾病缠身时，在身体尚好的情况下，只要怀着健康的心态，用健康的生活方式去度过每一天，疾病就会在您面前望而却步。最明智的原则就是："预防为主，治疗为辅。"

哈佛大学的一份研究报告认为，健康生活往往是一个人在饮食、体育锻炼和如何对待逆境等问题上作出正确选择的结果。

这项研究工作从1940年开始，它对各种类型的人的生理和心理健康状况进行了60年的跟踪调查。

研究人员确定了导致健康、幸福和长寿生活的7个因素：适量饮用酒精饮料、不吸烟、婚姻稳定、体育锻炼、体重适中、克服困难的积极态度和开朗的心情。

哈佛大学医学系教授乔治•瓦利恩特指出："一个人活得健康幸福并不取决于命运，而是取决于我们的基因和我们自己。"

健康把握在自己手上，为了健康，就要关注和爱护自己的身体，养成良好的习惯，做自己健康的主人。

动静交替，低碳最相宜

动养生和静养生是东方养生的两大法宝，各有利弊。按照《周易》的阴阳原理，动则生阳，静则生阴。比较而言，练动功的，动则生阳，可以增强精力，提高工作效率，练静功的，静则生阴，可以降低人体的消耗，人的寿命也相对较长。

动养，包括：跑、跳、走、爬、打球、游泳、骑车……

静养，包括：静坐、睡眠、闭目养神……

是老虎、豹子的寿命长，还是龟、蛇的寿命长？回答当然是龟、蛇寿命长。这就启发我们动养和静养一定要合理安排，不能失之偏颇。

有的人以为拼命运动，身体自然会好，其实不然，运动过度的人寿命并不会长。

老奶奶的寿命为什么比老爷爷的长呢？

老奶奶的寿命长，除了生理特点之外，还在于老奶奶善于静养。所谓静养，就是节奏慢，包括呼吸慢、心跳慢、吃饭慢、动作慢……总之，一切都优哉游哉。她们运动少，吃得少，所谓少吃少动，没事多睡觉，一句话，活得很舒服。特点是像龟、蛇一样，善于节能，善于静养，于是阳气(中医所说的元气)耗散得少，阴津保护得好(口不发苦，发干)，所以生命的烛光能常亮不灭。

而老爷爷则相反，喜欢动养，就是节奏快，包括呼吸快、心跳快、吃饭快、动作快、好喝酒、侃大山、玩牌、好运动、睡得少。所谓多吃多动，精力倒是好，但不一定能长寿，有的人也能长寿，但活得很累。特点是像虎、豹一样，大量耗能，于是阳气耗散得多，阳气、阴津保护得差，所以生命的烛光熄灭得早。

丹参片

相对而言，静养比动养更能长寿，但动养精力好。

动养的人什么都可以吃，瘦肉、肥肉、蛋都能多吃，因为口福好，所以活得也很潇洒。但静养的人就要常服丹参片、山楂等以活血化淤。

只静养不动是错误的，只运动不知道好好休息就更不对了。正确的养生方法应该是动静相兼，刚柔相济，亦动亦静，缺一不可。

东方养生在动养和静养方面都积累了十分丰富的经验，足够我们汲取。

你会低碳养生吗?

健康饮料——淡绿茶

你会低碳养生吗？做完下面这套低碳养生自测题，相信你对如何自己呵护自己的身体会有一个大致了解。这套低碳养生自测题是从日常生活中总结归纳出来的，依据25项低碳养生指标进行自我测试。

每达到一项可记一分。凡得0～7分的为养生很差，应加强养生；8～12分的为养生较差，应注意养生；13～17分的为养生一般，应好好养生；18～22分的为较好养生，应研究进一步养生；23～25分的为良好养生，祝贺您有一个健康的好身体。

25项低碳养生指标如下：

(1)一日三餐，定时定量，只吃八分饱。

(2)少吃肉类，多吃鱼类、大豆制品、新鲜蔬菜和水果。

(3)不吃零食，少喝或不喝饮料。

(4)少吃糖，基本不吃甜食。

(5)每日食盐3～5克。

(6)少喝酒或不喝酒。

(7)不用汤泡饭吃，进食时细嚼慢咽，饭前洗手，饭后漱口。早饭前喝一杯凉开水或淡盐水。

(8)每天喝一杯淡绿茶。

(9)每日定时大便一次。

(10)不吸烟。

(11)早睡早起，每日保证睡眠7～8小时。

(12)每天午睡30～60分钟。

(13)少乘车，多步行。

(14)少乘电梯，多走楼梯。

(15)每天锻炼30～90分钟。

(16)性生活有节制。

(17)夫妻恩爱，家庭和睦。

(18)注意个人卫生，勤于洗澡。

(19)知足常乐，对生活、前途充满信心。

(20)和同事、邻居保持良好关系，有1～2个知心朋友。

(21)业余生活内容丰富，对书法、绘画、音乐、摄影、写作、体育、读书、看报、下棋等有所爱好(不求全部，但至少要有1～2项)。

(22)保持正常体重，尤其注意腰围不要过大。

(23)定期进行体检，能够做到有病早知、早预防、早治疗。

(24)在非必要情况下不轻易服药(包括不滥用补药)。

(25)很少聚餐或参加宴会。

四、衣物低碳你会吗

由于原料生产、成衣加工等都需要消耗能源，因此衣物在生产环节中造成二氧化碳排放。进入消费环节后，日常生活中与衣物有关的碳排放主要源于衣物的清洗和干燥，一件衣服从被买回来到被丢弃，共排放约4千克二氧化碳，其中60%发生在洗衣与烘衣过程中。

选择棉、麻等自然质地的衣料

穿自然质地的棉、麻衣物，可减少工业加工或染色过程中的碳排放，同时有益于身体健康。

穿着“节能装”

夏天穿便装，男士不打领带，秋冬两季加穿毛衣，寒冷季节女性改穿裙子为穿裤子，都可以减少能源消耗和碳排放。例如，仅夏天空调温度调高2℃一项，办公室就可节能17%。

少买不必要的衣服

新潮时尚的衣服使用周期非常短，而衣服及其原料的生产过程会产生碳排放。因此，应减少购买一些不必要的“一次性”衣服。

尽量手洗衣物

使用洗衣机洗涤衣物，比手洗增加了电能的消耗，导致排放更多的二氧化碳。因此，如果需要洗涤的衣物不多，应尽量选择手洗方式。并且，在洗衣前浸泡衣物可以缩短洗衣时间，从而减少二氧化碳排放。

手洗衣物

机洗注意节水节电

使用洗衣机清洗衣物时，选择一些节水节电的小窍门，可以减少碳排放。

(1)选择节能洗衣机。节能洗衣机比普通洗衣机节电50%、节水60%，每使用一次平均减排0.15千克二氧化碳。

(2)先用少量水加洗衣粉将衣物充分浸

泡一段时间，再手洗去除比较严重的污渍，最后用机洗，能够减少更多碳排放。

(3)选择合理的洗衣模式。同样长的洗涤时间，“轻柔”模式比“标准”模式叶轮换向次数多，电机会增加反复启动的次数，因此“轻柔”模式更费电。

(4)洗衣后脱水2分钟即可。洗衣机在转速为每分钟1680转的情况下脱水1分钟，衣物的脱水率就可达55%，延长脱水时间对提高脱水率作用很小。

(5)漂洗用水再利用。漂洗后的水，可以作为下次洗衣的洗涤用水，或用来擦地、冲厕所等。

适量使用洗衣粉

洗衣时添加洗衣粉应适量，并且应尽量选择无磷洗衣粉，以减少含磷清洁剂造成的污染。少用1千克洗衣粉，可减少约0.7千克的二氧化碳排放。

降低洗衣频率

把衣服攒在一起洗，降低洗衣机的使用频率，这样既可以省电、省水，还可节省洗涤时间和洗涤剂用量。

选择自然晾干

用晾衣绳自然晾干衣物，不用烘干，每次可以减少2千克以上的二氧化碳排放量。

减少衣物干洗次数

尽量少买需要干洗的衣服，并减少衣物干洗的次数。干洗过程不仅耗电，而且使用的化学溶剂对身体和环境有害。

使用电熨斗注意节电

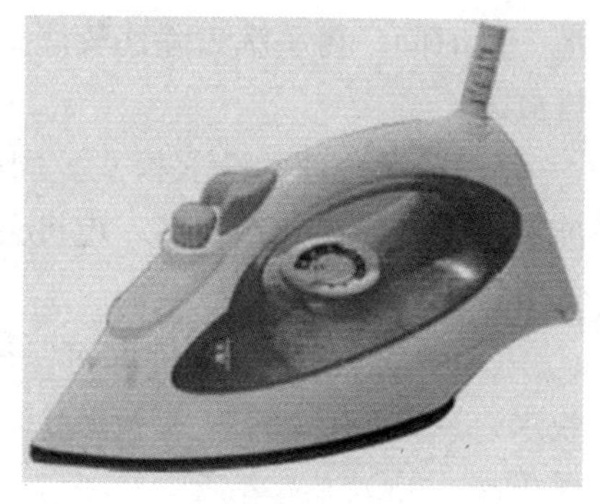
合理选择电熨斗

(1)合理选择电熨斗。选择功率为500瓦或700瓦，并且可以自动断电的调温电熨斗，不仅节约电能，还能保证熨烫衣服的质量。

(2)分时熨烫衣物。在通电初始阶段先熨耐温较低的衣物，待温度升高后再熨耐温较高的，断电后用余热再熨一部分耐温较低的衣物。

旧衣服再利用

不能穿的衣服，袖子可以做袖套，裤腿可以做护腿、护膝，剩下的大块布可做布垫，小块布可做抹布，布条可做墩布。

五、谨防碳从口入

吃什么，怎么吃，是一门学问。专家提倡，要低碳饮食。基本原则是少肉、地产、时鲜。病从口入，碳亦从口入。

食肉或食素这一问题，人类一直有不同意见。2009年，英国一位官员发给素食主义组织的电子邮件被曝光，引发争论。邮件中提到，素食能给地球环境带来较大的益处，尤其在阻止全球气候变化方面将起到正面作用。

该组织主张把更多的耕地用来种植粮食，供人食用，而不是用来饲养牲畜。该组织称，现在越来越多的人开始意识到，日常饮食能够直接对地球环境产生影响。为了地球和人类的未来，人们应该尽快远离肉类。

专家指出，包括牛在内的牲畜养殖，会带来大量的甲烷等温室气体排放。其中，地球上的牛打嗝排出的甲烷，占大气中甲烷总量的20%。根据

IPCC的报告，畜牧业排放了全球温室气体总量的18%，高于交通运输行业。大量食肉肯定成为21世纪的问题。

提倡绿色素食主义

联合国的数据表明，近年来，中国的年人均肉类和鱼类的消费量约为美国人的一半。然而，中国人的肉类摄入量年增长约20%，食用油的消费量增长30%，奶制品的需求增长量更大。仅在2008年的毒牛奶事件之后，增速略有降低。

食肉、喝奶意味着营养丰富、身体健康，这个不正确的观点正在推动中国饮食习惯发生巨变，从城市到乡村引发了一场餐桌革命：米和面在餐桌上逐渐减量。中国30年间肉食总量增加了4倍。专家说，1个食肉者所需粮食等于9个食素者。这意味着什么？中国完全照搬外国食肉生活方式是困难的。

不能忘记，中国是在全球可耕地面积的7%的土地上，养活了世界22%的人口。西方一些人说，全球粮食涨价的背后因素，是中国和印度这两个世界上人口最多国家对肉类和奶制品需求的增长。

少肉的同时要多食用时鲜的蔬菜、水果和粮食。按季节吃时鲜食物，让身体跟大自然四季相应，顺着大自然的节气，身体就会健康。反季节的蔬菜、水果味道不好，没有必要花钱买劣等品。何况，反季节食品的运输碳排量很大。

一方水土养一方人。人住什么地方就吃什么地方出产的东西才最适宜。在某地住久的人，偶尔到外面旅行，便会水土不服，容易生病。这就是“土生土长”的道理。

食用季节性、土生土长的蔬菜水果，是经济的，也是最符合人体健康原则的。一言以蔽之，健康的饮食就是顺其自然。跟大自然做对，只能自找苦吃！

明白了吃什么，该怎么吃呢？这里介绍一位中国当代大人物的饮食要求：清清淡淡，汤汤水水，热热乎乎。专家称，这十二个字虽然简朴，但很有学问。

清清淡淡就是少油少盐。在肥胖人群剧增的今天，高血压的发病率也在逐年增高，而在诱发肥胖和高血压的危险因素中，油盐摄入过量是重要的膳食因素。除食盐外，还应少吃酱油、咸菜、味精等高钠食品及含钠的加工食品等。

汤汤水水是说应当降低食物的能量密度。一般来说，水分大的食物能量密度比较低，如蔬菜含有90%以上的水，水果的水分含量也接近90%。米粥中含水超过90%，米饭在70%左右，而馒头在55%左右。显然，喝粥要比吃馒头、米饭所获得的能量少。

此外，用餐之前和用餐中补充一些水分，还有利于让吞咽后的食物吸水膨胀，可以增强饱腹感，从而抑制摄食中枢，降低人的食欲，有效预防肥胖。

热热乎乎是指温度适中，使肠胃感觉舒适。中医主张，食用过烫的食物会损害消化道，而过凉的食物同样也会妨碍消化。一年四季喜欢吃冷饮者，容易引起腹胀不适。而过度冷刺激还会引起胃痛甚至胃肠炎。

健康饮食——米粥

古人饮食顺其自然。孔子一生追求简朴而平凡的饮食。老子在《道德经》里也讲道，吃过多美味的食物伤胃。先人告诉我们，简朴、少欲、多德是能活百岁而不衰的方法。

有机食品

今天的人们饮食追求时鲜。2010年初，韩国为了让南极考察站的研究人员吃到新鲜蔬菜，研发出一个箱式农场。在约10平方米的集装箱内，用LED照明取代太阳光，温度和湿度可调，维持蔬菜栽培环境。每天可生产1千克蔬菜，使研究人员在南极能吃到新鲜的绿色蔬菜。

营养学家告诫我们，为了身体健康，为了地球的生态环境，请选择有机食品。那么什么是有机食品、无公害食品、绿色食品?

无公害食品、绿色食品、有机食品是指符合一定标准的安全食品。无公害食品是绿色食品发展的初级阶段，有机食品是质量更高的绿色食品。这三类食品像一个金字塔，塔基是无公害食品，中间是绿色食品，塔尖是有机食品，越向上要求越严格。

无公害食品指产地生态环境清洁，按照相应生产技术标准生产，符合通用卫生标准，并经有关部门认定的安全食品。无公害食品的生产，允许使用化学肥料。严格来讲，无公害是食品的一种基本要求，普通食品都应达到这一要求。

绿色食品是指产自优良的环境，按照规定的技术规范生产，实行全程质量控制，无污染、安全、优质，并使用专用标志的食用农产品及加工产品，在食品安全、营养特征方面低于有机食品。绿色食品允许限量、限品种和限时使用农药、化肥、兽药和食品添加剂等。

有机食品是经专门机构批准，许可使用有机食品标志的优质食品。有机食品在生产加工过程中绝对禁止使用农药、化肥、激素等人工合成物质，并且不允许使用基因工程技术。

吃是一门大学问，相信您是真正的“美食家”！

六、低碳生活改变居家态度

低碳时代已经到来，低碳生活也正在深入人心。如果你爱自己、爱家人、爱地球，那么，请开始低碳吧，为了以后让自己和自己爱的人能生活在一个健康的环境中，请正视低碳，从点滴做起，开始你的低碳生活吧。

低碳生活是一种必然，也会变成一种时尚。那么，我们也不妨从我们的居家小事开始……

节能减排与每个人息息相关

低碳生活，顾名思义，在生活中尽量减少对环境中二氧化碳的排放量，从而为减低温室效应作出贡献。对于大多老百姓来讲，这个解释略显专业，似乎有点事不关己的意思。其实，低碳与每个人的生活息息相关，随手关灯处处节约，旧物翻新减少浪费，改良建筑耗能部位，使用环保节能产品，都可成为你对降低温室效应所做的努力。

如果用碳排放计算器算一下，你会发现住房状况、装修规模、出行交通、家用电器等日常生活中任何一点不节约的行为都有可能成为扼杀美好地球的罪魁祸首。因此，过节约而有节制的生活，不做有害环境的行为，为了实现低碳，要从生活点滴做起。例如，若想减少居家制冷和取暖的大量能耗，对空调装置的合理应用很重要。装饰工程师表示，用门窗框散热器、窗帘盒空调等就能达到节能减排的目的。而养成低瓦数照明的生活习惯及使用可再生能源也是我们要做的事。照明技术工程师表示，节能灯的寿命是白炽灯的5倍左右，一个60瓦的白炽灯完全可以用一个12瓦的节能灯代替。

低碳装修设计师帮你贯彻“三少”原则

低碳最原始的表现形式就是，如何用最少的钱干最多的事。最初，大家都尽量用最低的成本、最常见的材料和最简单的设计装饰家。但随着社会的发展，个性风格、特殊材料和高科技智能产品备受推崇，无疑消耗了许多不必要的能源。因此，少用高科技，少用花哨装饰，少花钱多办事才是符合低碳设计的三大装修原则。

门窗框散热器

正确认识低碳生活，学会发现最常见材料的美及充分发挥“少即是环保”的装修理念，才是普通消费者们步入健康低碳生活的开始。比如，少装饰和少改动；少装饰，房间中少用线角、花样或隔断等装饰手法，如一定要用隔断，尽可能将其与储物柜、书柜等家具合二为一，减少其独立存在的机会；少改动，控制工期、工作量和降低成本。即使房间结构存在问题，也别大规模改动，尽量与设计师沟通，用其他办法弥补。

低碳设计用创意守护绿色环保

作为较早关注环保、绿色、低能耗的群体，设计师们在低碳生活的设计体验上，自有一番心得，也具备了更加成熟的主张。在设计大师眼中，材料不分贵贱，精雕细琢一番，它们就有本领能引领居家潮流。例如意大利家具Kartell的设计师将工业材料变身时尚球具，既容易被回收再利用，也不会对环境造成负担；例如香港某设计师的再生皮革本子、回收自展览场地的

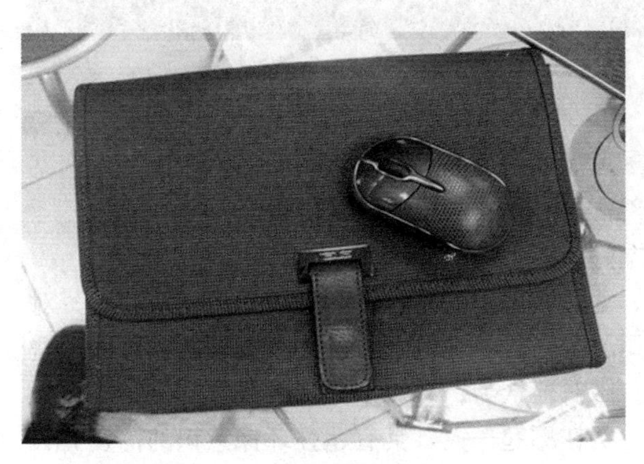

再生皮革本子

地毯的文件夹、废旧报刊造的铅笔等；再如名为“冬荷”的装饰品，用工业废旧钢板模仿干枯的荷花，孤独与悲凉之情尽显其中。这些都表达了人们对地球的关爱。

低碳实践家居制造应学会善待环境

原材料采集、生产制造、频繁运输，家居业可以说是耗能最大的行业之一。那么，若想积极响应低碳环保，又该怎么做呢？

家具制造浪费减到最小

让每一件家具都对环境友好。来自瑞典的宜家家居用其半个多世纪的实践经验告诉人们：用最少的资源可以制造出尽可能多的产品，控制成本和减少浪费是对大众和环境都友好的方式。在开发新品时，就从产品安全、质量和环境影响各方面考虑；实现平板包装，减少了运输次数，降低二氧化碳排放量；努力用最少的资源制造出尽可能多的产品，只要有可能，就应当把生产某件产品的废料用到另一件产品的生产中去。

家居产品

建材生产过程对环境友好

购买家居产品的时候，你的每一个决定，都和环保概念密切相关。对此，瑞原爱格装饰材料公司、德中爱格地板董事长钟红文表示，国内消费者这方面意识也正在加强。同时他认为，居家小环保的概念到了该扩展的时候。在德国等欧洲国家，正在崛起一大批具有超强环保意识的消费者，如果人们发现有一种居家产品的原材料采集过程破坏了环境，或者发现生产过程污染了环境或者耗费大量能源的时候，人们会抵制这种产品，进而令每个生产商都想尽办法提升环保标准。

珍视和善用每一点原材料

木地板、木家具、木装饰，居家装修对木材的需求量只增不减。为了迎合人们对木头的渴望，同时又能够更充分地使用树木资源，板材应运而生。然而真正做到充分利用原材料的家具产品非常有限。对此，飞美家具总经理周凯军表示，人们目前在家具城里见到的只是最终的成品，然而，板材利用率高不高、生产过程是不是环保都关系到最终产品的环保价值。科学的生产工艺可以更有效地利用原材料。周凯军表示，这看似与消费者没有直接关系，但一点一滴的成本控制，决定了最终量产之后的家具价格得到控制，不仅有效使用原料，也可以使最终售价降下来，这是环保和实惠的集中体现。

低碳循环打通家居品再利用市场

旧物妥善回收再利用无疑是一种良性循环，对改善环境和降低碳排放都有好处，然而，这却是目前市场上的一大难题。据了解，目前市场上尚无较为系统的家具回收机构，各主流家具品牌也因种种原因无法涉及回收问题。旧家具不是扔在垃圾桶旁，就是卖给废品收购人员。而它们的去向多为两种，一是被翻新后重新进入二手市场或二级城市等流通渠道；二是被不正规的小厂加工再利用，成了换汤不换药的“新家具”。由于对旧家具流向的监管缺失，有不合格的翻新家具在消费者不知情的情况下流入市场，也就成了无

翻新家具

法回避的事情。

对此，中国家具协会副理事长朱长岭表示，旧家具的妥善回收和利用有利于保护环境，也是可持续发展的表现。家具企业在这方面应该有所作为。例如，是否可以开展老客户旧家具翻新和回收业务？是否可以为客户搭建二手家具交易平台等等。

七、享受生活，低碳娱乐

培养良好的低碳休闲娱乐习惯，减少碳排放，是社会文明和进步的要求。

减少不必要的电视机开启时间

不看电视时，应将电视机关闭。每天少开半小时电视机，每台电视机每年可减排二氧化碳19.2千克。

低碳享受视听娱乐

电影院放映厅面积越大，碳排放量越大，因此应选择人数较多的影厅，更应避免出现“独自包场”的局面，以减少二氧化碳排放。如果选择网络下载观看或者购买影碟在家观看，二氧化碳排放量就比直接去电影院小得多了。

由于DVD碟片的容量比VCD大很多，相当于减少了生产碟片的材料及其产生的碳排放，因此家庭影院的爱好者可优先考虑购买DVD碟片。

去KTV唱歌时，应选择大小合适的包间，因为人数不多时选择大包间，将造成不必要的二氧化碳排放。

不追求数码产品的快速更新换代

近年，手机、电脑、MP3、数码相机等各类电子产品的更新速度越来越快，淘汰下来的电子产品也越来越多。以手机为例，1991年我国手机用户只有100万，到2009年9月已经发展到近7亿，18年的时间增长了近7万倍。废旧手机每年形成的电子垃圾有上百吨。

KTV会所

目前，由于我国尚未建立电子垃圾回收的正常渠道，小商小贩成为回收电子垃圾的主力军。他们回收后对其中少量尚可使用的稍作处理，卖给低收入家庭或农村；对不能使用的，则拆解其中有使用价值的元件和贵重金属，把剩下的部分当垃圾扔掉。这些垃圾最后一般都进了填埋场或焚烧场，产生的大量有毒物质会污染空气、土壤和水体。

近年我国南方一些地区逐步发展形成了一些大型拆解集散地。一些村民用强酸甚至剧毒物溶解提炼贵金属，那些无法再回收的垃圾则被焚烧或就地堆放。在这一过程中产生的铅、镉、汞等有害物质经沉降或雨水淋洗冲刷后进入大气、水体和土壤，污染环境、毒害农作物，对环境和人的健康造成了很大损害，使当地的癌症发病率比别的地方要高得多。

很多人更新自己的数码产品是因为手里的东西不再流行，而不是因为这东西失去效用。追求时尚无可厚非，但当您意识到一种时尚正在导致一些地方空气污浊、污水横流、土壤毒化、绝症增加，您在追求这种时尚时，就应该更慎重，更理性。

选择低碳健身方式

尽量选择低能耗、低排放的健身方式，例如选择慢走、跳舞、打拳、郊游等健身方式，将在电动跑步机上的锻炼改为到附近公园慢跑，定期去郊外爬山等。

低碳旅游

旅游中的活动多种多样，处处可以体现低碳生活方式，下面简单举几个例子。

(1)中短途旅游可选择汽车、火车，如果离家不远，还可以选择公共交通甚至自行车。

(2)乘坐飞机旅游时，尽量选择经济舱。

(3)在旅游的过程中自备水壶和碗筷。

(4)入住宾馆或者酒店时，使用自己携带的洗漱用品，减少一次性浴液、香皂等物品的消耗，减少床单等的更换次数。

郊外爬山活动

第三章

环境问题，地球的切肤之痛

一、日渐凸显的环境问题

全球环境问题是超越国界的，它是区域性和全球性的环境污染和生态破坏。专家学者认为，目前我们面临的大环境问题互为因果，相互关联。如果不能很好地解决这些环境问题，在不远的将来，人类将面临生存危机。

1.地球“高烧不退”

冰川融化

由于人口的增加和人类生产活动的规模加大，向大气释放的二氧化碳、甲烷、一氧化二氮、氯氟碳化合物、四氯化碳和一氧化碳等温室气体不断增加，导致大气的组成发生变化，大气质量受到影响，气候有逐渐变暖的趋势。由于全球气候变暖，将会对全球生态和环境产生极大的影响，进而也对人类生活产生负面影响。

2.杞人应忧天

在离地球表面10～50千米的大气平流层中集中了地球上90%的臭氧气体，在离地面25千米处臭氧浓度最大，形成了3毫米厚的臭氧集中层，也就是臭氧层。臭氧层是人类赖以生存的保护伞，它能吸收太阳的紫外线，以保护地球上的生命免遭过量紫外线的伤害，并将能量贮存在上层大气，起到调节气候的作用。但是，臭氧层也很脆弱，容易遭到破坏。目前，由于人类活动制造的大量可破坏臭氧层的物质，已使地球南北极的臭氧层空洞逐渐扩大。

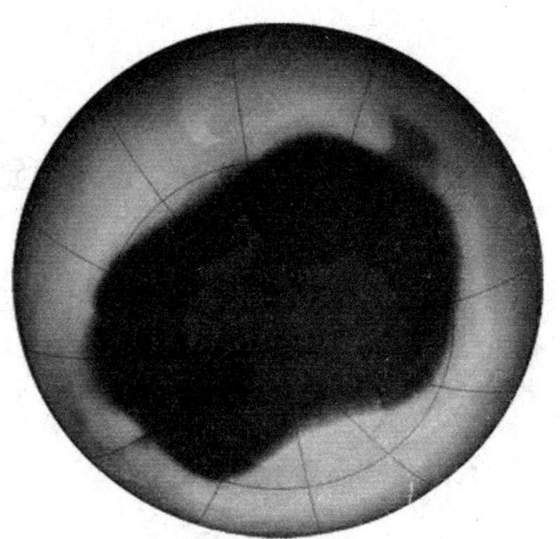
臭氧层被严重破坏

臭氧层的破坏使地面受到紫外线辐射的强度增加，给地球上的生命带来巨大的危害，其危害主要表现在：

（1）对人类健康的影响。紫外线辐射可以引起皮肤癌和免疫系统及白内障等眼的疾病。

（2）对植物的影响。紫外线辐射会使植物叶片变小，从而减少捕获阳光进行光合作用的有效面积，作物产量下降。

（3）对水生系统的影响。紫外线对水生系统也有潜在的危险。水生植物大多贴近水面生长，这些处于海洋生态食物链最底部的小型浮游植物的光合作用最容易被削弱，从而危及整个生态系统。增强的紫外线还可通过消灭水中微生物而导致淡水生态系统发生变化，并因此而削弱水体的自然净化作用。

（4）对其他方面的影响。过多的紫外线会加速塑料老化，增加城市光化学烟雾。

因此，在日常生活中，我们应减少氟氯碳化物的使用，选购不含氟氯碳化物的空调、冰箱、汽车、喷雾剂等产品。

3.越来越多的生物在离我们而去

生物多样性是指地球上陆地、水域、海洋中的所有动物、植物、微生物以及它们拥有的遗传基因和它们所构成的生态系统之间的丰富性、多样化、变异性和复杂性的总称。它包含物种多样性、生态系统多样性和遗传基因多样性三个层次。生物物种多样性为人类生存与发展提供了基本的条件，是与人类社会持续发展息息相关的最重要因素。

由于人类的活动，世界上的物种正在迅速消失，比自然灭绝速度几乎快1000倍。有关学者估计，世界上每年至少有5万种生物物种灭绝。为此，国际社会一直非常重视生物多样性问题，早在1963年国际自然保护联盟就开始编制《濒危物种红色名录》，它是全球动植物物种保护现状最全面的名录，也是生物多样性状况最权威的指标。

2009年年底，国际自然保护联盟公布了最新的《濒危物种红色名录》，结果显示，在47677个被评估物种中，17291个物种濒临灭绝，其比例约为36.3%。具体而言，21%的哺乳动物、12%的鸟类、28%的爬行动物、30%的两栖动物、37%的淡水鱼类、35%的无脊椎动物，以及70%的植物处于濒危境地。

我国是生物多样性最丰富的国家，同时也是人口增长和经济发展的压力导致生物多样性丧失比较严重的国家。目前，大约已有200多个物种灭绝，约有5000种植物在近年内已处于濒危状态，这些濒危物种约占中国高等植物总数的20%；还有398种脊椎动物也处在濒危状态，约占中国脊椎动物总数的7.7%。

其实，地球上的生物不可能单独生存，在一定环境条件下，它们是相互联系、共同生活的。因此，在自然状态下，物种灭绝与新物种出现的种数基本上是平衡的。但是，目前这种平衡已被破坏，也就是说生物多样性还在丧失。因此，保护和拯救生物多样性以及这些生物赖以生存的生活条件，是摆在我们面前的重要任务。

为此，联合国将2010年命名为“国际生物多样性年”，并将主题确立为“生物多样性是生命，生物多样性就是我们的生命”。确实，生物多样性就是地球生命的基础，保护生物多样性，就是保护我们人类自己。

那么，如何保护生物多样性呢？目前主要有三大措施：(1)建立自然保护区。这是世界各国保护自然生态和野生动植物免于灭绝并得以繁衍的主要手段。(2)建立珍稀动物养殖场。(3)建立全球性的基因库。

4.酸雨蔓延

酸雨被人们称做“天堂的眼泪”或“空中的死神”，具有很大的破坏

力。有人认为酸雨是一场无声无息的危机，是一个看不见的敌人，这并非危言耸听。

酸雨是指大气降水中pH值低于5.6的雨、雪或其他形式的降水。这是大气污染的一种表现。酸雨的成因是二氧化硫和氮氧化物，目前大气中的硫和氮的化合物大部分是人类活动造成的，其中燃烧化石燃料产生的二氧化硫和氮氧化物是形成酸雨的主要原因。

酸雨的危害

酸雨给土壤、水体、森林、建筑、名胜古迹等均带来严重危害，不仅造成重大经济损失，更危及人类的生存和发展。

酸雨会渗入地下，致使地下水长期不能被利用。酸雨还会使城市自来水管道的铜、铅一类成分溶解在饮用水中，直接危害人体健康。饮用酸化的重金属含量较高的地下水或食用酸化湖泊和河流的鱼类，都可使一些重金属元素通过食物链蓄积进入人体而最终产生危害。不仅如此，酸雨、尤其是酸雾本身会对人体健康造成严重危害。它的微粒可以侵入肺的深层组织，引起肺水肿、肝硬化，甚至癌变。据调查，1980年，英国和加拿大因酸雨污染而导致1500人死亡。

酸雨会破坏森林生态系统，使林木生长缓慢，森林大面积死亡。酸雨破坏植物气孔，使植物丧失均衡的光合作用，叶子脱落，嫩枝变得像玻璃一样脆弱，一半根系死去，树木抗病虫害能力下降，然后枯死。

酸雨会造成湖泊酸化。水质酸化会抑制微生物的活动，影响水生生态系统中有机物的分解。由于碎屑大量沉积，影响水生生物的营养与能量循环，从而使湖泊生物群落受影响，致使耐酸的种类增加，不耐酸的种类减少。酸性湖水或河水会降低水质中的钙含量，损坏鱼的脊椎和骨骼。当湖水或河水的pH值小于5.5时，大部分鱼类会很难生存，当pH值小于4.5时，各种鱼类、两栖动物和大部分昆虫就会消失，水草死亡，水生动物将绝迹。

酸雨会对桥梁、楼屋、雕塑、古迹、船舶、车辆、输电线路、铁路轨道、机电设备等造成严重侵蚀。特别是对作为古建筑和雕刻的主要材料的大理石有着强烈的腐蚀作用。世界著名的泰姬陵就深受酸雨之害。

目前，全球已形成三大酸雨区。第一，覆盖四川、贵州、广东、广西、湖南、湖北、江西、浙江、江苏和青岛等省市部分地区，面积达200多万平方千米。第二以德、法、英等国为中心，波及大半个欧洲的北欧酸雨区。第三，包括美国和加拿大在内的北美酸雨区。后两个酸雨区的总面积大约1000多万平方千米。

5.森林锐减

地球上的绿色屏障——森林在维护地球生态平衡方面起着决定性的作用。但是，最近100多年，人类对森林的破坏达到了十分惊人的程度。目前，由于人类对木材和耕地等的需求，全球森林减少了一半，9%的树种面临灭绝，30%的森林变成农业用地，热带森林每年消失13万平方千米；地球表面覆盖的原始森林80%遭到破坏，剩下的原始森林也在酸雨的侵蚀下变得支离破碎、残次退化，而且分布极为不均。事实上，大量森林被毁，已经导致六大严重的生态危机。

（1）绿洲成荒漠。森林的减少使其涵养水源的功能受到破坏，越来越多的土地变成干旱、半干旱土地，甚至变成了荒漠。比如非洲一些地

绿洲变成了荒漠

区，20世纪50年代以前还有许多森林植被，由于滥伐滥垦，许多地区如今已变成沙漠。撒哈拉沙漠每年向南侵吞150万公顷土地，向北侵吞10万公顷土地。

（2）水土大量流失。这是森林锐减导致的最直接、最严重的后果之一。据测定，在自然力的作用下，形成1厘米厚的土壤需要100～400年。在降雨340毫米的情况下，每公顷林地的土壤冲刷量仅为60千克，而裸地则达6750千克，流失量比有林地高出110倍。只要地表有1厘米厚的枯枝落叶层，就可以把地表径流减少到裸地的1/4以下，泥沙量减少到裸地的7%以下；林地土壤的渗透力更强，一般为每小时容纳250毫米，超过了一般降水的强度。由于森林的严重破坏，全球水土流失日益加剧。

（3）干旱缺水严重。森林被誉为“看不见的绿色水库”。据测定，每公顷森林可以含蓄降水约1000立方米，1万公顷森林的蓄水量即相当于1000万立方米库容的水库。由于森林锐减及水污染，造成了全球性的严重水荒。目前，地球60%的大陆面积淡水资源不足，100多个国家严重缺水，其中缺水十分严重的国家达40多个，20多亿人饮用水紧缺。

可怕的洪涝

（4）洪涝灾害频发。森林有很强的截留降水、调节径流和减轻洪涝灾害的功能。破坏森林，必然导致无雨则旱、有雨则涝。森林的防洪作用主要表现在两个方面：一是截留和蓄存雨水；二是防止江、河、湖、库淤积。一旦缺少森林的调节，一遇暴雨必然洪水泛滥。

（5）物种灭绝。地球上有5000万多种生物，其中一半以上在森林中栖息繁衍。一旦森林面积锐减，大量生物就缺少了赖以生存的栖息地。目前，由于全球森林的大量破坏等因素，现有物种的灭绝速度是自然灭绝速度的1000倍。

（6）温室效应加剧。森林可吸收二氧化碳并吐出氧气。据统计，平均每公顷森林吸收16吨二氧化碳，释放12吨氧气。因此，森林锐减可加剧温室效应。

科学家预言：假如森林从地球上消失，90%的陆地生物将灭绝，90%的淡水将白白流入大海，生物固氮将减少90%，生物放氧将减少60%，许多地区的风速将增加60%～80%，人类将无法生存。

6.地球之癌——土地荒漠化

土地荒漠化被称为“地球之癌”。联合国将荒漠化定义为：在包括气候与人类活动的种种因素作用下，干旱区、半干旱区的土地退化过程。

联合国统计显示，土地荒漠化正在威胁着全球1/3的土地，以致20亿人的生计受到影响，每年造成的直接经济损失达420亿美元。我国是世界

人口增长缩小了人类的生存空间

上受土地荒漠化影响最严重的国家和地区之一。土地荒漠化正以每年1.04万平方千米的速度扩展，有4亿人口受到荒漠化影响，每年因荒漠化造成的损失约3531亿元人民币。

导致土地荒漠化的最主要原因是人口压力和土地使用方式不当。

因为人口增长所带来的粮食需求量增长，会导致耕地扩张，这通常是以牺牲森林和山地为代价的。这将会加剧荒漠化的进程。荒漠化导致的沙尘暴等天气现象还可引起人们诸多的健康问题，如咳嗽、呼吸道受损、眼睛刺痛等。

7.大气污染

大气污染是指一些危害人体健康及周边环境的物质对大气层所造成的污染。工厂和汽车排放的烟尘等人类活动是造成大气污染的主要原因。大气中的污染物主要包括氮氧化物、颗粒物等。

大气污染对人体的危害主要表现为呼吸道疾病。研究显示，大气污染导致每年有30万～70万人因烟尘污染而早死，2500万的儿童患慢性喉炎。

大气污染会抑制植物的生理机制，导致其生长不良，抗病虫害能力减弱，甚至死亡。

大气污染还会对气候产生不良影响，如降低能见度、减少太阳辐射强度。研究发现，大气污染使城市太阳辐射强度和紫外线强度分别比农村减少10%～30%和10%～25%，从而使城市人的佝偻发病率增加。

大气污染形成的酸雨可腐蚀物品，影响产品质量，使河湖、土壤酸化、鱼类减少甚至灭绝，森林发育受到影响。

8.隐形杀手——水污染

被污染的河流

当有害的物质进入洁净的水中，水污染就发生了。水污染主要是由人类活动产生的污染物而造成的，它包括工业污染源、农业污染源和生活污染源三部分，即未经处理而排放的工业废水、大量使用化肥、农药、除草剂的农业污水和未经处理而排放的生活污水。水污染所导致的饮用水危机成为全世界所面临的严峻问题。

由于人口增长导致对水的需求增长，水污染也在不断加剧。据统计，全世界每年排放的污水达4000多亿吨，从而造成50000多亿吨水体被污染。目前，地球上几乎已找不到未受污染的河流。全世界有超过12亿人口缺乏安全饮用水，30亿人口卫生状况不佳，每年有300多万人死于因不洁水引发的疾病。

二、聚焦臭氧空洞

我们前面提到过臭氧层空洞的环境问题，现在我们聚焦臭氧空洞，来对这一环境问题加以更深的了解。

每年春季，南极上空大气中的臭氧消失40%～50%，目前，南极臭氧层空洞面积相当于美国国土面积，深度足以包容珠穆朗玛峰。近20年来，全球平均臭氧浓度每10年约降低3%。随着臭氧空洞面积的扩大，皮肤癌、

黑色素瘤和白内障患者将继续增多。臭氧层是人类健康的保护伞，人类已不能容忍保护伞继续被撕裂。

巨蛙在跳跃

1993年元月来自南美洲的一则消息不胫而走。

巴西亚马孙浓密的雨林中，附近的居民还未从惊异中醒过神来，类似科幻电影镜头般的硕大的青蛙已跳入人们的视线。据有些科学家报告说，凶恶的巨蛙已吃了3个印第安人。巴西空军被迫紧急出动，密切监视巨蛙行踪。负责此次行动的洛佩斯上校沉着脸对记者说："我们给科学家几天时间对巨蛙进行研究，以改变它们的前进方向。这些绿色巨物一旦抵达市镇，我们的成功机会将会减半，附近市镇的数千名居民和他们的家园，可能会被青蛙压扁。""巨蛙身体很重，它们跳跃时会造成很大破坏，更糟糕的是，它们可能还嗜吃人肉。"有的记者说，30个移动的蛙群正在巴西西北部的浓密森林里开辟一条宽阔的道路。巨蛙何以形成？巴西科学家认为，这可能是由日渐变薄的臭氧层所引起的变异。圣保罗大学桑多斯博士认为："我们已看见森林中古怪的植物行为，它们与来自臭氧层的紫外线辐射有直接的关系。因此，我们估计这些青蛙也是这种原因造成的。"

臭氧层本是大气层中的一部分。在距地面10~50千米的平流层中，在阳光的作用下，氧经光化学反应后生成臭氧，形成一个稳定的臭氧层。在臭氧层中，臭氧浓度很低，在最密集的地方，也未超过十万分之一，厚度也仅为3毫米。就是这薄如蝉翼的气体，有效地阻止了太阳光线中的大量紫外线抵达地面，保护地球百花竞艳、万物争荣。臭氧层是地球生物的避寒斗篷、遮雨油伞和防盗铁门。

人类的保护伞——臭氧层

但是，人类不得不面对斗篷破旧、油伞撕裂、铁门锈蚀、臭氧层正在衰竭的事实。

臭氧由3个氧原子结合在一起，生性活泼，能产生各种化学反应，还原成氧分子。破坏臭氧层的罪魁祸首当推氟利昂。氟利昂是一种广泛用于烟雾剂、制冷、泡沫塑料和电子工业的化合物。氟利昂进入平流层后，遇阳光照射便分解生成氯气和氯的化合物。在这些物质的催化作用下，臭氧便会迅速分解。据1986年的资料，世界氟利昂产量在200万吨以上，其中大部分被释放到大气层。1950年，南极上空氯气量为十亿分之一，1976年为十亿分之二，1986年上升到十亿分之四，2100年将达十亿分之八。造成臭氧层衰竭的另一罪魁祸首是高空飞行的喷气飞机排出的氧化氮气体，它进入大气后会立即被臭氧俘获，从而对臭氧层造成损害。据测算，500架波音飞机每年约排放180万吨氧化氮气体。两年的积累量，足以使平流层的臭氧减少约50%。

南北两极出现的臭氧空洞正在向人类发出警报。1993年末，联合国副秘书长兼环境规划署执行主任伊丽莎白·多德斯韦尔告诫人们：臭氧层如今已被破坏到了“令人惊恐”的程度，“我督促你们不要对此种情况采取自满态度，臭氧层损耗状况在继续恶化”。她说，1992年底，南极洲上空臭氧空洞面积达到了有监测史以来的最大值：317万平方千米，这几乎相当于整个欧洲的面积。“1993年2月，北美和欧洲大部分地区上空的臭氧水平比正常值低20%”。科学家们发现，即使世界将破坏臭氧层的化学物质排放量减少90%，南极上空的臭氧空洞也至少要维持100年。20世纪80年代末，北极地区上空的臭氧空洞达到南极洲上空臭氧空洞的1/5，其他地区的臭氧层也处于衰竭之中。据美国环保局测定，中国上空在1978年至1987年间臭氧层损失了1.7%～3%。另有消息报道，1993年初在设得兰群岛以北北半球的臭氧含量已减少了10%～40%。美国宇航局2006年9月25日的测量结果显示，南极臭氧层空洞面积已达2950万平方千米。世界气象组织发言人称，2006年南极上空臭氧损耗严重，臭氧层空洞面积达到2000年以来的最大值。

面对千疮百孔的地球生命保护伞，人们心头不禁涌起一丝悲凉。

可怕的皮肤癌

保护伞被撕裂后，生命万物便被置于强紫外线的攻击之下。

在正常情况下，进入大气层外缘的阳光中的紫外线占55%，它穿过

大气层，普照大地与海洋；其中40%为可见光，为植物光合作用提供动力，帮助人类和动物辨别方向。紫外线分为A、B、C三个波段，其中B波段是生物的杀手，臭氧层衰竭得以使B波段施展淫威。医学专家证明，人类皮肤肿瘤的发病率与B波段照射量有直接关系。臭氧层减少5%，赤道和热带皮肤病患者增加8%，温带和亚热带皮肤病发病率分别增加10%和18%。联合国专家委员会甚至认为，臭氧层减少10%，人类皮肤病发病率将增加26%。

紫外线为什么会导致皮肤癌？因为紫外线中的B波段能对脱氧核糖核酸造成伤害，它或使原子间的氧链断裂，或使双链螺旋元素间“联系不畅”。本来细胞都具有修复脱氧核糖核酸的本能，但如射线量子进入脱氧核糖核酸中的修理基因，此细胞便会丧失这种修理机能。科学家还发现，皮肤深层中有一种负责免疫的朗格罕斯细胞，这种细胞弱不禁风，少许紫外线就可将它置于死地。

B波段猖狂的结局是人类皮肤病患者直线上升。目前，世界每年有1万人死于皮肤癌。据美国环保局的一份报告称，在今后88年内，美国皮肤病患者将达到4000万人。

B波段会同样破坏植物的脱氧核糖核酸，降低植物光合作用和对寄生物防治的能力。B波段还能改变植物的再生能力及收获物质量，使其“绝育”或产出“畸形儿”。

水生生物亦难幸免。B波段在清澈的北极水中能下潜65米，它在自己的活动范围内能任意改变浮游生物的染色体与色素。海洋浮游生物与人类的命运息息相关，它给鱼虾提供充足饵料，而鱼虾则为人类提供摄取所需的30%的蛋白质。浮游生物还能吸收和分解溶于海洋中的二氧化碳并产生氧气，其产氧量超过地球上所有森林产氧量的总和。浮游生物分解二氧化碳的能力对缓减全球温室效应亦贡献卓绝。今天，凶恶的B波段加害于浮游生物，明天，更大的祸害将会落到人类头上。人类担心的事正不断发生。南极洲水中的浮游生物的密集程度一般比热带地区高出千倍乃至万倍，据检测，南极洲水中的浮游生物量已减少了25%。科学家警告说，如果世界海洋中浮游生物量减少10%，大气中的500万吨二氧化碳就不能转换为氧气。届时，地球发生窒息绝不会被说成是天方夜谭。

1988年在北京举行的保护臭氧层国际研讨会上，美国环保局专家警告说，人类如果听任臭氧层衰竭而不采取紧急行动，那么，到2075年，全世界将有1.54亿人患皮肤病，其中300万人将不治而亡；另有1800万人将患白内障；农作物将减产7.5%，水产品减产25%，光化学烟雾的发生率将增加30%。

补天有日

人类不能容忍保护伞继续被撕裂，不能听任“B波段军团”扫荡陆地海洋。警号声不断传来，正在唤醒那些浑然不觉、沉醉于现代文明的人们。

从工业界传来消息：含氢氟烃可以替代氟利昂，前者无害于臭氧层。美国国家海洋和大气管理局博尔德实验室的一位专家说，含氢氟烃对臭氧的危害只有含氯氟烃(氟利昂)的五万分之一，它在大气中存在的时间也只有15年，而后者则能在大气中存在50年。美国杜邦公司是氟利昂的始作俑者，在氟利昂使用了50年后，该公司进行了新的实验后认为，2000年，估计约60%的氟利昂会由新材料取代。剩下40%的氟利昂将代之以含氢氟烃。杜邦公司经理麦克法兰称，在1993年美国售出的各种汽车空调机中，约有80%使用了含氢氟烃；到1995年，可望将氟利昂请出待售的全部汽车空调机。德国于1993年也推出27万台以丁烷和丙烷混合气体代替氟利昂的无污染冰箱。韩国也成功地制造出不用氟利昂的冰箱。

不使用氟利昂的冰箱

1985年，国际社会首次对臭氧层衰竭作出反应，在联合国环境规划署组织下签订了保护臭氧层的《维也纳公约》，两年后又签订了《蒙特利尔协议书》，随后又陆续举行会议，确定了破坏臭氧层的物质，要求在20世纪末逐步取代氟利昂，各国也可自行拟定日程表。在1993年底的哥本哈根会议上，与会国一致同意到1995年末逐步停止生产一切破坏臭氧层的气体。宣言与行动还有很大距离，据联合国副秘书长多德斯韦尔说，在99个签订《维也纳公约》的国家中，不仅有76个国家没有依照承诺将限制氟利昂生产和使用的情况向环境署汇报，在发展中国家氟利昂的消费量近年来竟然增加了54%。

氟利昂被完全取代，绝非一朝一夕之事。1988年一年，仅在美国就有5000家公司在37.5万个地点制造或销售氟利昂，营业额超过280亿美元。氟利昂生产已长达半个世纪，目前与氟利昂有关的设备总值达2000亿美元，这些设备据估计仍可使用20至40年，各国厂家不会轻易舍弃不用。氟利昂像一匹竖起长鬃的赛马，在利润驭手的驱策下，在一段时间里仍会不停歇地奔向前方，2007年9月，联合国环境规划署执行主任施泰纳在加拿大蒙特利尔宣布，来自191个国家和地区的代表一致同意，将于2030年在世界范围内彻底停止生产和使用破坏臭氧层的氢氯氟烃，这比原计划提前了10年。人们相信，被撕裂的生命保护伞会有修补好的那一天。

三、地球，人类的“蜗居”

从地图上估算，北京到纽约的距离，约等于地球周长的一半。十几个小时，走了地球周长的一半。一天时间，就可以绕地球一圈啦。地球太小了！

宝贵的耕地资源

地球真的就像是浩瀚宇宙中一叶小小的孤舟。太阳系中，唯有地球拥有生命。地球上的生命在脆弱的生物圈内诞生和死亡。

地球的土地资源不足，特别是可耕地资源的减少，已成为全球性的问题。人类开发利用的耕地和牧场，正在不断减少或退化。而全球可供开发利用的备用土地也很少。随着人口的快速增长，人均占有土地量在迅速减少。

可耕土地减少，沙漠面积增加。全球沙漠面积相当于全球土地面积的1/4。全世界每年约有600万公顷的土地，面临沙漠化的危险。沙漠化影响着世界1/6人口的生活。

土地的生产力下降，农作物减产。人类把森林和草原改为耕地，加快了土壤退化与水土流失。另外，农药和化肥的不当使用，导致土壤污染。可以肯定地讲，土地问题对人类的生存构成了严重威胁。

地表上的土地问题正在影响人类的生存，地表下的资源问题也正在严重影响人类的生存。地下化石能源是人类近代工业文明社会的基石。其中，石油就像血液一样，维系着人类生活的运转、经济发展乃至社会稳定和国家安全。

石油可以决定人类的战争与和平，对抗与合作。几十年来，地球上的每一场战争几乎都与石油有关。美国两次攻打伊拉克，当然也是为了石油。

石油是不可再生的资源。地球上的石油是大自然上亿年的造化。一旦耗尽，就不会再有。专家估计，世界上的石油、天然气及煤炭将分别在40年、60年、160年后消耗殆尽。石油用完了，人类怎么办?

地球上没有一种资源能够长期保持一定的储量和质量。所有的可再生资源，也都受到自然再生能力的限制。

地球上的水是有限的。全球淡水储量约占全球水储量的2.5%。与人类生活密切的河流、湖泊和浅层地下水，只占全部淡水储量的0.3%。其中大约70%的淡水资源用于灌溉，20%用于工业，只有6%用于民生。

全球淡水资源分布不均。随着人口激增和工农业生产的发展，缺水已成为世界性问题。据统计，全世界有100多个国家缺水，严重缺水的国家达40多个，约有20亿人用水紧张。发展中国家至少有80%的疾病、1/3的死亡与不洁饮水有关。

水污染加重了水资源危机。水污染不仅影响人类对淡水的使用，而且

还会严重影响生态系统，对生物造成危害。据称，现今世界河流稳定流量的40%受到污染，并呈日益增长趋势。

有报告指出，全球可能在21世纪中叶全面陷入水危机。到那时，水可能比油贵。

俄罗斯是石油出口大国，也是世界上淡水储量最多的国家。2009年，这个卖油大国开始琢磨起卖水生意了。他们乐观地估计，最多10年俄罗斯就会成为卖水大国。

俄罗斯正在卖石油，又惦记着将来卖水，令人羡慕。中国的情况如何？中国有960万平方千米的国土，300万平方千米的海域。幅员辽阔，地大物博。这是儿时课本上的记载，也是幼年的背诵记忆。

然而，中国人太多。无论哪种资源，用13亿人口一除，得到的人均拥有量就非常低。比如，煤炭只有世界人均拥有量的79%，耕地为40%，淡水为25%，天然气为7%，石油为6%。一算下来，中国地不大，物也不博了。

中国水资源严重缺乏。中国约有300座城市缺水，其中严重缺水的有50多座。中国西北地区的农村，有千万人甚至得不到基本的饮水保障。

中国水资源分布极不均衡。长江以南耕地占全国36%，水资源占全国的82%；长江以北耕地占64%，水资源不足18%；黄淮海流域耕地占全国的42%，水资源却不到6%。

中国多山，多戈壁沙漠。可耕地面积小，且质量不高。有水源保证和灌溉设施的耕地只占40%左右。从土地供养能力上看，中国国土的合理承载人口可能是9.5亿人。然而，2009年2月国家统计局公示，2008年末，中国总人口为13.28亿人。

据统计，目前，全人类的人均生存面积为2.3公顷。美国人平均生存面积为9.7公顷，但中国人只有1.6公顷。有专家表示，假设中国和印度要达到美国的人均生存面积的话，那么要增加一个地球的资源才够。

另外，富人的消费欲望太高。同样都为生存，一个美国人平均购买的商品数量却是中国人的50倍，一个美国人的能源消耗量等于印度人的35倍。一个美国人一生中平均造成的对环境的损害，是一个巴西人的13倍。

地球的资源越来越少，有限的资源与无限的欲望之间产生很大矛盾。问题是，人类对地球资源的无度索取，能永远维持下去吗？肯定不可能！

地球的资源是有限的，地球所能承载的人口也是有限的。如果人口无度增加，超过了地球的承载能力，必然会对粮食、住房、就业、资源、环境等造成巨大的压力，加剧地球资源枯竭和生态环境破坏的趋势。

据联合国估计，2008年末，世界总人口约为68亿人。到21世纪中叶，印度人口将为世界第一，有17亿人，中国人口达15亿人。如按8000万人/年的增加速度计算，21世纪内，世界人口有可能突破100亿人！

1650年，世界人口约5亿人，1830年约10亿人，1930年约20亿人，1975年约40亿人，2000年约60亿人。预计2030年约80亿人，2050年约90亿人。全球第一个人口翻番用了180年，第二个翻番用了100年，第三个翻番仅用了45年。

再看中国。清朝初期有1亿人，1834年为4亿人。新中国成立之初为5.4亿人，约占世界人口的1/4。60年后的今天，即使在举国实行计划生育的条件下，中国人口也早已超过13亿人！

地球的表面积约5亿平方千米，体积约1万亿立方千米。乍一看，也算是天文数字了。可别忘了，地球人口达到100亿人时，人均的数量是多少？

人口激增，致使水资源短缺。在西方的国家中，公元前，一人一天用水为12升，18世纪为60升。而现在，西方大城市的人均用水量高达500升/天。用水量增加，污水量也相应增长，进一步减少了清洁水资源的存量。

人口激增，致使矿产资源枯竭。矿产资源是人类赖以生存和发展的物质基础。当前，占世界人口30%的发达国家，消耗的矿产约占世界总耗量的90%。假如各国都按美国的方式来耗用矿产资源，多种矿产将会在很短时间内耗尽。

人口激增，致使土地资源短缺。人类生存和发展都离不开土地。在农业生产中，土地直接参与产品的形成，是人类不可或缺的、最基本的生产资料。

人口激增，致使环境更加恶化。人口增加，生产规模扩大，所需资源增大，废弃物增加，环境污染加重。人口的增长超过了环境的承载力，环境状况就会恶化，社会关系紧张。

地球不会再长大，人口也不能无度增加。人类要有计划地控制自身数

量，才能实现可持续发展。这一点，中国给世界作出了表率。中国在过去30年间，因计划生育少生了4亿人口。初步计算，相当于每年减少18亿吨的二氧化碳排放量。中国的计划生育政策为保护地球环境贡献了力量。

20世纪的100年，世界人口增长4倍，城市人口增长13倍。全球的商品量增长40倍，用水量增长9倍，能源消耗增长13倍，二氧化碳排放增长17倍。由此，产生了诸如全球变暖、城市环境污染、可持续发展受挫等一系列严重问题，威胁人类生存和发展。

地球资源的有限性、人类繁殖的无限性、人类生活方式的奢侈性等现实的存在，提醒人类深思：我们如何生存？后代如何生存？怎样做，才能让生活更美好？

这是我们思考的问题。

四、城市与环境问题

我们都知道四周筑墙谓之城，有买有卖曰市。城市是社会生产方式变革的产物，是人类活动的主要载体。城市推动区域经济和社会的发展，决定区域的政治稳定和民生进步。作为人类生活、工作、学习的聚集地，城市已经有5000多年的历史。当今，它带来了无尽的繁荣和梦想，也导致了诸多问题和困惑。

中国城镇体系

地球上最初没有城市。人类部落之间的思想交流、商品交换的过程，催生了大大小小的交易市场，于是小集镇出现了，后来又扩展为城市。城市的兴起和成长，是人类社会进步、社会分工的结果。

人类的聚集方式，大致经历了三次历史变革。早期，人类居无定所；后来，人类住进洞窟或树巢，小规模集合成乡村；农业文明时期，城市出现了。

自工业革命以来，随着城市设施的完善、城市规模的扩大、城市化趋势不断强化，居住在城市成为人们生存方式的主流。

中国城镇体系的初步形成，是在西周以后。春秋战国时代的互相兼并，促进了城市的发展。战国七雄的首府都是较大的城市，其功能主要是政治中心兼经济中心。在河南登封发现的战国时代的城市，已经使用管道供水，由此表明当时的中国城市已经具备规模。

秦始皇统一中国以后，国家城镇体系逐渐形成。王朝的首都，是全国的城镇体系中心。西汉末年，首都长安的人口为40万人。唐代全盛时，人口已达百万人。长安是当时闻名于世的国际性大都市，各国的使臣和商人云集。

中华人民共和国的首都北京，也是一个古老的城市。据考证，北京建城已有3000年的历史。早期称蓟，唐朝称幽州，辽朝改叫燕京，元朝叫大都，明朝始称北京。

东京汴梁是北宋的首都，现在称为开封。汴梁是当时中国的政治、经济、文化中心，也是世界上最繁华的大都市。人文荟萃，经济发达，人口逾百万，富甲天下。

这些历史上的大城市都有其特定的形成原因。除了王朝的首都以外，城市作为商品集散地和信息发布地，不断吸纳小商品生产者定居，以扩大规模。通过商品集散与农村形成联系，逐渐演变为区域的经济中心。

中国古代的城市往往以官衙为中心，辅以东西两市、文武庙堂。城市以达官贵人及佣人为主体。商业主要供官府消费。

城市的形成是需要物质基础的。首先要有充足的水源。交通条件亦属十分重要的因素。货物交换、市场运作离不开运输。在古代，运输效率明显受制于地理因素。

城市的兴旺，还受到人口的制约。没有人，城市便会消失。古代城市周边地区的人口和城内人口有一个合理的比例。城外区域的人口密度决定着这座城市能否持续生存和发展。

世界第一高楼——迪拜塔

今天，人类改造自然的能力越来越强，建立城市的制约因素越来越小。根据人类的爱好，人类可以随心所欲地建设理想的城市。但是，如果毫无节制，就会受到大自然的惩罚。

城市体系的形成是一个国家发展程度的重要标志。城市是工业革命发展的动力中心，是资本主义的摇篮。随着城市制造业和服务业的兴起和发展，人力资本加速集聚，经济和信息能量也不断集聚，城市逐渐大型化。

自工业革命以来，资本、信息、人口向城市迅速集中，形成了所谓的城市化运动。今天，世界有50%以上的人口居住在城市，这是划时代的。

2009年底，迪拜的一家公司突然宣布无力偿还上千亿美元的债务。顿时，世界大惊。因美国债务问题引发的世界金融危机，刚刚出现好转的迹象，迪拜债务危机是否会再次引发世界金融危机，各种说法不一。

没过几天，还是迪拜，又让世界惊叹：世界第一高楼——迪拜塔竣工启用！据说，远在90千米以外，人们都能看到她的风姿。

近年，世界的城市越来越高。上海有几百栋建筑物的高度都超过100米。另外，香港国际金融中心高度420米，马来西亚双塔大楼高度452米，台北101大楼高度508米，当今世界最高的迪拜塔高828米。

建筑高度的竞赛，方兴未艾。上海在建的上海中心大厦高度将达632米。沙特阿拉伯正在规划兴建一座高度为1000米的王国塔。

现实中的城市在长高，人类梦中的城市更高。前些年，日本推出一批未来建筑的设想方案，有高度为2000米可居住30万人的，有高度为2004米可居住75万人的，更有高度为4000米可居住100万人的超级建筑。

这些想象中的建筑，极具乌托邦色彩。能否代表城市的发展方向，不敢妄言。但或许某一天，你就生活在这样的空中楼阁中。

城市越来越高，城市也越来越大。发展经济需要大城市作为支撑。中国沿海地区一些地级市的经济规模早已超过了很多省会城市，并进行着新的超越。

20世纪是属于大城市的。伦敦、纽约、东京、上海等特大城市展现了人类的进步和富裕。

为了定义1000万人口以上的城市，联合国创造了一个“超大城市”的词汇。1975年，全球有5座超大城市，目前有19座。预计到2025年，全球将出现27座超大城市。

超大城市可真大。北京，从东头到西头，车程好几十千米。加上道路拥堵，更感觉城市之巨大。上海内环线内拥挤不堪。不知道为什么，中国的城市发展决策者，几乎都使用滚雪球式的城市发展思路，致使中国城市的大饼越摊越大。

中国城市化速度在加快

中国城市不但越来越大，而且数量越来越多。2008年，中国有建制城市655座。其中，200万人以上的城市23座，100万～200万人的城市35座，50万～100万人的城市82座，20万～50万人的城市233座，20万人以下的城市282座。

中国有4个直辖市、283个地级市、368个县级市。还有未被认可为城市的县城1600多个，国际上，这样的县城往往被归为城市。此外，还有1.9万个镇、1.5万个乡，这些都是潜在的城市。中国的城市后备军极为庞大。

中国的城市化速度，近年来世界第一。1958年，城镇人口是1亿人，1981年为2亿人，1998年为3亿人，2003年为5亿人，到2008年末，中国城镇人口突破6亿人，城镇化水平达46%。

预计到2020年，中国的城镇人口约占全国人口的60%；到2030年，这一数据将上升到70%。那时，至少有9亿多人住进城镇。

城市化标志着人类的社会进步和现代文明。城市化运动最早出现在英国。这个老牌帝国是靠殖民掠夺取得原始积累的，其经济基础和科技条件在当时都优于其他国家。

英国的城市化用了130年，美国用了约150年。日本在德川时代，进行了一场全国性的城市化运动，促使了日本的“城”与“市”的结合。也就是说，日本的城市化运动在明治维新之前就开始了。

发达国家的城市化进程，同经济发展的结果是一致的。21世纪初，美国城镇化率为77%，德国为87%，英国为89%。世界上国民生产总值排在前列的国家，也是城市化指标居于前列的国家。

城市化与工业化是相辅相成的。工业化加快了城市化步伐，城市化进程推动工业化发展。同时，城市化和工业化都会产生环境污染，破坏城市生存环境。

城市环境问题主要表现为：大气、水体及土壤、噪声、光等环境污染问题，交通问题，地震、山体滑坡、洪水、火灾、地面下沉等城市灾害问题，垃圾问题，以及城市环境舒适性的问题。

总体上讲，城市居住了50%的地球人口，消费了75%的全球能源，城市温室气体排放量相当于全球的80%。城市问题已经是人类生存和发展亟待解决的大问题。

五、当戴口罩成为必需

去过越南的人都知道，河内是一个美丽的地方，大街小巷散落着文化古迹。

河内的女孩子打扮入时，时尚的装扮是戴口罩。女孩子用的口罩造型各异，五彩缤纷。真的很新奇，戴口罩也能成为时尚！在河内，燃油摩托车占据了所有路面。摩托车排出的废气弥漫在拥挤的街道空间中，令人窒息。在这里，戴口罩不仅是时尚，也是一种必需。

20世纪后期，有人在美国芝加哥拍到一张照片，内容是一位晨练者戴着防毒面具跑步。城市的空气污染，已经到了无法忍受的地步。

光污染

在空气污染的城市中，富人可以戴防毒面具，穷人只能戴口罩了。

在农业文明社会，环境少有污染。因为人类的饮食或者工具，基本上都依赖碳水化合物的贡献。依靠太阳和水，碳水化合物可以在自然界中自然分解与组合，形成循环，互相平衡，维持大自然的生生不息。

进入工业文明社会以后，人类仅仅在饮食领域仍然依赖碳水化合物；在工具领域，基本转为依赖碳氢化合物。碳氢化合物来自地下矿物，太阳和水没有能力使其在自然界中自然分解与组合，久而久之，造成环境污染。

城市是人类环境问题最集中的空间。城市环境问题正在成为制约城市发展、影响民众生活的一大障碍。

城市大气质量恶化。工业和交通运输业的迅速发展，以及化石燃料的大量使用，将粉尘、硫氧化物、氮氧化物、碳氧化物、臭氧等物质排入大气，城市空气受到严重污染。

空气污染对人体健康危害严重。所有市民都无法逃脱汽车尾气的危害。人类生存必须靠饮食和呼吸。想吃安全的有机食品、喝清洁的矿泉水，人类有能力远距离运输这些物品。然而，要想呼吸到新鲜、清洁的空气，远距离输送是困难的，恐怕只能就地解决。

水体污染对人类健康影响也很大。由于城市人口的急剧增长和工业的飞速发展，大量的污水没有得到妥善的处理，就直接排入水体，致使水环境遭到严重的破坏。

光污染也是当代城市的一大危害。在中国城市的亮化运动中，市中心的广告牌高亮度，夜间的景观灯光高亮度，建筑工地的灯光高亮度，这些光污染严重影响着居民的生活和工作。

土壤污染是易被忽视的城市环境问题。有害物质造成的土壤污染，会按“土壤—农林作物或水—人体”的顺序，进入人的体内，危害人类的健康。

城市的噪声扰民现象普遍存在。噪声污染严重影响健康。噪声会增加神经系统、心血管系统和脑神经系统疾病的发生。随着城市工业、交通运输和文化娱乐事业的快速发展，噪声扰民的现象愈发突出。

热污染是现代大城市的一种环境污染现象。热污染导致市中心气温升高，产生所谓的热岛效应。热岛是对城市中心地区气温偏高的形象比喻。从城市的等温线图上看，高温地区等温线分布密集，酷似大洋中海岛的等高线，故称热岛效应。

城市热岛效应与城市规模、人口密度、建筑密度、城市布局、附近的自然景观及环境的类型有关。城市人口密度大、建筑密度大、人为排热多的地区，容易形成热岛效应。

热岛效应危害很大。热岛效应所产生的上升气流，把垃圾尘菌带入城市中心区域上空，加剧城市中心区的大气污染；热岛效应会导致城市小气候异常，物候失常，造成局部水灾；热岛效应致使城市的用电量和用水量大大增加。

城市生活垃圾处理也是一个大问题。2007年，意大利那不勒斯，垃圾在街道上堆积如山，严重影响市民的正常生活。旧垃圾处理场已经填满，拟建的垃圾处理设施又遭到附近民众的强烈抗议。垃圾事件成为当地深刻的政治问题。

中国约有2/3的城市处于垃圾处理场的包围之中。许多城市的垃圾填埋场已经服役期满。垃圾处理设施的建设速度不能满足城市垃圾处理需求，城市垃圾无害化处理率不高。

近年来，垃圾焚烧处理受到重视。政府投巨资，新建或更新一批垃圾焚烧厂，意在提高城市生活垃圾焚烧的比例。然而，垃圾焚烧带来的环境危害，又引起广泛争议。垃圾焚烧厂的建设日渐成为高度关注的公共话题。

垃圾焚烧炉

两种垃圾处理的观念正在拉锯。一种观念强调改善城市的生活方式，注重垃圾前端减量和分类；另一种观念寄托于科技进步，通过末端处理来解决城市的垃圾问题。

无论哪一方，都需要反思一下我们的生活观念和消费习惯。当节约、循环利用成为社会风气和价值取向时，城市的垃圾问题再大，也会有解决的办法。

现代城市环境问题，说到底也是能源问题。大量使用化石能源，不但排出二氧化碳，导致气候变化，也相应地增加城市环境污染。经济快速增长推动城市化进程，而城市化进程又会提高整体能源消费水平。稍有不慎，就会形成恶性循环。

六、假如地球气温升高6℃

气温升高1℃——美国粮仓变大漠，非洲大漠变桑田

美国内布拉斯加州的沙山地区，出产美国最好的牛肉。但这片广阔的土地全是沙质结构。换言之，在6000多年前，美国的气温比现在高1℃的时候，这片肥美的草原其实是寸草不生的大漠。因此，如果全球的气温再上升1℃的话，美国的“粮仓”将重新变回大漠，将人类逼出这一地区。

今天全球最热的撒哈拉大沙漠可能会变得湿润起来，重现6000年前岩画中大象、水牛和野羊在肥美的草原上巡游的美丽景象。至于1.1万年来乞力马扎罗山峰一直戴着的雪白冰帽将不复存在，使得整个非洲大陆成为真正的无冰世界。欧洲阿尔卑斯山的冰雪将全部融化。

受全球气温升高1℃影响最大的是热带的珊瑚。其中澳大利亚大堡礁的珊瑚将会全部死亡，这主要是因为二氧化碳的排量增加，增加的二氧化碳融入海水中，使得海水的酸性大增，这对于海洋低级生命来说无疑是致命的。

气温升高2℃——两极冰块消融，欧洲大陆变大漠

假如气温上升2℃，地球又会发生什么样的变化呢？对于亲历过2003年欧洲夏天热浪的人来说，这将是莫大的灾难。在2003年的那场热浪中，至少有3万人死于酷热。

气温上升2℃意味着格陵兰岛的冰盖将彻底融化，从而使得全球海洋的水平面上升7米。科学家们作出这一推测的依据是，大约12万5千年前，地球的气温比现在平均高出1℃至2℃，结果全球的冰盖全部融化。当气温上升2℃的时候，全球的山脉都会受影响，比如说为利马河提供水源的安第斯山系的冰架将全部消失；加利福尼亚州四分之三的冰峰雪原

将不复存在。

全球的食物，尤其是热带地区的食物将会大受影响。三分之一的动植物种群因为天气的变化而灭绝。科学家们估计，如果我们还想将全球气温上升控制在2℃之内，那么从现在起还有10年时间人类就必须要控制二氧化碳排放量。

气温升高3℃——气候彻底失控，生态灾难全面上演

气温上升3℃是地球的一个重大“拐点”，因为地球气温一旦上升3℃，就意味着全球变暖的趋势将彻底失控，人类再也无力介入地球气温的变化。灾难的核心将是南美洲的亚马孙热带雨林。由于气温的上升，今天仍占地100万平方千米的热带雨林将频频遭遇火灾。根据计算机模拟结果，干旱使得亚马孙热带雨林无力防火，一个小小的雷击都有可能引发大火，最终烧毁整个热带雨林。一旦树林消失了，亚马孙林地上取而代之的将是荒漠。

气温上升3℃将使南部非洲和美国西部开始出现更大面积的沙漠，使得成百上千万原来从事农牧业的人们被迫背井离乡。在南亚次大陆，由于印度河水位开始下降，印度与巴基斯坦将因抢水而爆发冲突乃至战争。在欧洲大陆和英国，夏季干旱高温与冬天极冷天气相伴而来，一些低海拔的沿岸地区将被海水淹没。

气温升高4℃——三分之一生物灭绝，人类口粮受影响

气温上升4℃对于地球的大部分地区来说都是灾难。这意味着数十亿吨被冰封在南北两极和西伯利亚的二氧化碳气体将释放出来，进入臭氧层，从而成为全球变暖的倍增器——加快变暖的速度。

此时，北冰洋所有的冰盖将全部消失。北极成了一片浩瀚的海洋，这是地球300万年来首次发生这样的现象，北极熊和其他需要依赖冰川为生的动物将彻底灭绝。南极的冰盖也将受到很大的影响，南极洲西部地区的冰盖将与大陆脱离，最终海平面上涨，从而使全球的沿海地区再度被海水吞没。

在欧洲，新的沙漠开始形成，并且向意大利、西班牙、希腊和土耳其扩展。在如今温度宜人的瑞士，夏季的气温将高达48℃，比巴格达还热。阿尔卑斯山最高峰将彻底没有冰雪，裸露出巨大的岩石。由于气温持续保持在45℃，欧洲人将被迫大量向北迁居。

气温升高5℃至6℃——绿树长到南北极，95%生物灭绝

气温上升5℃至6℃时，地球将面临毁灭性的灾难。科学家们在加拿大北极圈内发现了鳄鱼和乌龟的化石。这说明5500万年前，这些动物曾经在加拿大北极圈内生活过。因此，一旦全球气温上升5℃至6℃时，绿色阔叶林将重现加拿大北极圈，而南极的腹地也会有类似的情景。然而，由于陆地大部分被淹没，动植物无法适应新的环境而有95%的物种灭绝，因此地球面临着一个与史前大灭绝一样的最后劫难。

地球上的生物原本自然形成食物链而互相依存。如果世界上只剩下人类，人类还能支撑多久？看到以上这些令人忧心的动物和自然景观灭绝或消失的未来，我们应该怎么做呢？马上行动起来吧，保护我们的地球，保护我们共有的家园。

第四章

昨天的美丽，今日的危机

一、地球母亲的沧桑

我们的家园——地球

在茫茫的宇宙中，太阳系家族里有一个美丽的蓝色星球，它承载着万千生灵。千百万年，它静静地旋转在自己的轨道上，默默地奉献并养育着无数的生灵，这就是人类和其他所有的生命共有的家园——地球。

如果从太空中俯瞰地球的话，地球是一个巨大的蓝色球体。在它表面蓝色的海洋与蜿蜒相接的河流相应交辉，飘忽变幻的白云环绕其上，它堪称一颗美丽的星球。上面蓝色的部分是海洋；还有白色，那是极地和高山的终年积雪；也有棕黄色和绿色，那就是陆地及其植被了。由于覆盖地球表面的辽阔水域能够反射太阳光，从而使它形成了宝石般的蓝色。在浩渺的宇宙中，它就像一颗熠熠夺目的宝石镶嵌在沉沉夜空。在整个太阳系，地球是唯一拥有如此大量液态水的星球。

地球上的陆地只占不到1/3的面积，却有着复杂多变的景观：一望无际的平原，连绵起伏的丘陵；茂密的森林，茫茫的草原；小桥流水的泽国，人迹罕至的戈壁；有赤道热带的绮丽旖旎，也有南北两极的银装素裹；有刺破青天的珠穆朗玛峰，也有令人惊心动魄的科罗拉多大峡谷。

地球上70%的表面被海覆盖着。风和日丽时，这里银波粼粼，水天一色；风暴雨狂时，这里惊涛拍岸，浪花滔天。这里游弋着包括世界上最大的动物——蓝鲸在内的上千万计的海洋动物；这里还生长着数不尽的美丽植物。

人类寄住的这个家园，既是一个植物的世界，也是一个动物的王国。然而，这个美丽祥和的生命乐园却伴随着人类对它的不断摧残而一天天地恶化下去……

自工业革命以来二百余年的时间里，人类社会以前所未有的强度与速度进行资源开发利用的同时，也不断冲击自然环境的污染消化能力和自我维护能力。曾几何时，工业文明开始蚕食地球的温柔，现代科技正在掠夺我们的生存空间。地球愤怒了：天空失去蔚蓝，大海泛起泡沫，物种开始减少……

由于30年来全球人口增长了22亿，人类活动范围急剧扩大，全球已有15%的土地退化，其面积相当于美国和墨西哥的领土总和，每年还有1000万公顷可灌溉土地被荒废；全球有一半的河流被严重污染，有11亿人得不到安全卫生的饮用水。有80个国家，其人口占全球的40%，严重缺水；非洲和亚洲热带雨林目前正以每年1%的速度毁灭，这也导致大量鸟类和动物处于濒危灭绝的状态。24%的哺乳动物和12%的鸟类已面临生存危机；海洋污染同样不可忽视，全球有1/3的人口居住在离海岸不到60千米的地区，城市工业和生活污水，甚至旅游发展对海洋造成了严重污染。

另外，有1/3的鱼类因为海洋污染和过度捕捞已经灭绝；空气中二氧

严重的海洋污染

化碳的排放量每年仍有62亿吨，最严重的是亚太地区，有21亿吨，欧洲和北美也各有16亿吨；南极上空的臭氧层从20世纪70年代以来已经减少了10%。2000年，臭氧层空洞的最大面积已达到2.8万平方千米……

这一切的一切难道还不足以引起我们人类对大自然的足够重视吗？

二、得天独厚的摇篮

在宇宙中最神奇的天体要数地球了，因为它孕育了世间最美好的物质形态——生命。

大自然为生命出场的安排可谓煞费苦心。

首先，是在一个正确的时间：35亿年～40亿年前，此时地球逐渐从火山爆发的热浪中冷却下来，地表运动渐趋和缓，太阳也进入相对稳定的时期，有害射线大量减少。

赤道面和黄道面

其次，正确的地点：地球居太阳系较里层的位置，外有5颗行星以及众多卫星层层护卫，替我们挡住了大量足以毁灭生命的星际天体的攻击；内有忠实的太阳千百万年来给予我们合适的光和热。地球处在稳定而安全的宇宙环境中，这里的“稳定”是指地球上生命演化至今太阳没有明显的变化，地球所处的光照条件一直比较稳定，我们知道太阳正处在它的中年时期，其稳定的光照要持续若干亿年。这里的“安全”是指地球附近的行星际空间，大小行星各行其道，互不干扰，使地球处于一种比较安全的太阳系之中。另外，地球在太阳和其他行星的引力作用下的自转周期是23时56分4秒，是一个比较合适的时间，它能保证昼夜更替的周期不会太长，使整个地球表面增热和冷却

不致过分剧烈；地球在太阳引力作用下绕太阳侧着身体几乎是匀速公转，这样赤道面和黄道面的夹角为23° 26′，也是比较合适的，它使太阳直射点在南北纬23° 26′之间往返移动，保证了南北半球光热的分配相对均匀，这些都有利于地表各种生命有机体的生存和发展。

此外，地球上具有生命存在的自身条件：其一是日地距离适中，使地球表面的平均气温为15℃，有利于生命过程的发生和发展。如果地球距离太阳太近，则由于热扰动太强，原子根本不能结合在一起，也就不可能形成分子，更不用说复杂的生命物质了。如果地球距离太阳太远，温度过低，分子将牢牢地聚集在一起，只能以固态和晶体存在，生物也无法生存。其二是地球的体积和质量适中，其引力可以使大量气体聚集在地球周围，形成包围地球的大气层。这样，一方面大气经过长期的演化，逐渐形成了以氮和氧为主的适合生物呼吸的大气；另一方面大气的热力作用，即大气对太阳辐射的削弱作用和大气对地面的保温作用，既降低了白天的最高气温，又提高了夜晚的最低气温，使昼夜温差不至于太大，形成了适合人类生存的温度环境；再则由于太阳辐射对时空加热的不均匀，导致大气的运动，它使高低纬度之间、海洋和陆地之间的热量和水汽得到交换，保证了它们之间的热量和水汽趋向平衡，使地球适合人类生存的环境进一步改善和扩大。

地球在形成初期温度比较低，也没有分层结构。后来在陨石轰击、HBN放射性衰变发热和地球的内部重力收缩等的作用下，地球的温度逐渐增加起来。随着温度的升高，地球内部的物质也发生了变化，一些物质出现了局部熔融的现象。在重力作用下，本来处在地球外部的较重的物质开始慢慢下沉，液态的铁等重元素沉到了地球中心，形成地核。同时，地球内部较轻的物质上升。地球内部发生了一系列的对流和化学分离，就逐渐形成了地壳、地幔、地核等圈层。

紧接着就是地球大气的形成。在地球形成初期，原始大气全部跑到了宇宙空间。后来，地球上的温度上升，地球内部的物质重新组合，地球内部气体也上升到地面，形成第二代地球大气。这层大气在绿色植物出现之后又得到了进一步的发展。在绿色植物光合作用的影响下，它逐渐发展成为现代的大气。

有了大气圈，地球上也就慢慢出现了阴、晴、雨、雪等各种天气变化。首先，地球内部的结晶水汽化，进入大气层。在遇到低温的时候气态的水便凝结、降雨，落到了地面。在这个降水过程。原始的海洋慢慢形成，为原始生命的出现提供了温床。到了30亿年～40亿年前，地球开始出现单细胞生命。

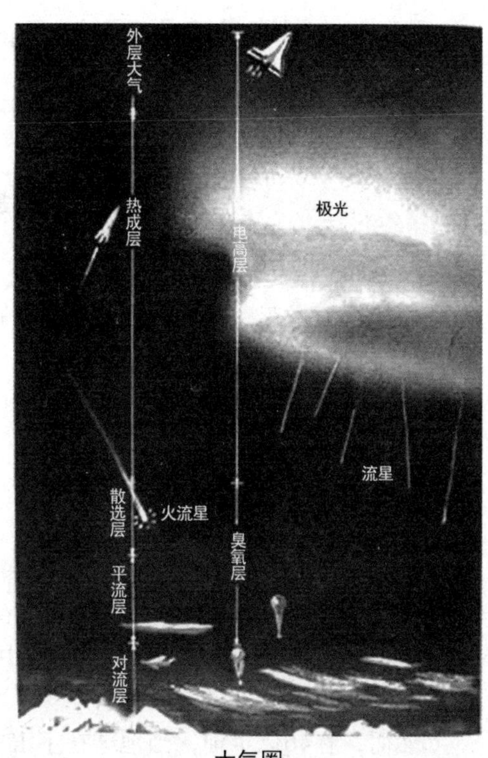

大气圈

原始生命出现后，人类给地球的发展划分了五个“代”，依次是太古代、元古代、古生代、中生代和新生代。每一代还被划分为若干个“纪”。古生代从远到近划分为寒武纪、奥陶纪、志留纪、泥盆纪、石炭纪和二叠纪；中生代划分为三叠纪、侏罗纪和白垩纪；新生代划分为第三纪和第四纪，这就是通常意义中人们所说的“地质年代”。

太古代是距今24亿年以前的那个时候。但是原始的岩石圈、水圈和大气圈已在地球表面形成。地壳活动频繁，火山时而爆发。铁矿在这个时候形成，最低等的原始生命开始产生。距今24亿年～6亿年是元古代，这时的地球被大片海洋掩盖着，晚期才出现了陆地。地球上的生物到此时已发展到了海生藻类和海洋无脊椎动物。古生代距今有6亿年～2.5亿年，海洋中已经出现了几千种动物，有些已经走上陆地，成为陆上脊椎动物的祖先。此时高大茂密的森林后来都变成了大片的煤田。中生代历时约1.8亿年，从距今2.5亿年一直到距今0.7亿年。这个时候恐龙称霸一时，原始的哺乳动物和鸟类出现了。蕨类植物逐渐被裸子植物所取代，这些生物后来都变成了许多巨大的煤田和油田。许多金属矿藏也都是在这个时候形成的。在距今7000万年的时候，地球进入了新生代。被子植物在此时有了大

的发展，各种食草、食肉的哺乳动物空前繁盛，最终导致了人类的出现。

三、生命的赞歌

假如生命是花，花开时是美丽的，花落时也是美的。我要把生命的花瓣，一瓣一瓣撒在人生的旅途上；假如生命是草，决不要因此自卑，要联合所有的同类，毫不吝啬地向世界奉献出属于自己的一星浅绿，大地将充满活力……

这是诗人对生命的赞歌。

生命是一种最为奇妙，最富魅力的自然现象。在现在的地球上，生活着150多万种动物、40多万种植物和20多万种微生物，构成了一个蜂飞蝶舞，鸟语花香，山清水秀，绚烂多彩的生命世界，繁衍进化，生生不息。从高山到平原，从沙漠到草原，从空中到江河湖海，从地表到地下，到处都有生命的踪迹。

然而，在46亿年前，当地球在宇宙中形成之初，地球不仅受到亿万颗彗星和陨石撞击，而且用了大约1亿年的时间，才把高达数千摄氏度的温度降了下来。那时的地球是一个无生命、荒凉沉寂的世界。过了大约10亿年，地球上似乎才有了简单的蓝藻类微生物。那么，地球上最初的生命是何时、何地又是如何诞生的呢？这就是人们普遍关心的地球生命起源的问题。

地球形成之初

关于生命的起

源，一开始人们有着各种各样的猜测。有一种说法认为是上帝创造了世间万物：在大约6000多年前，上帝创造了一个男人和一个女人，分别叫作亚当和夏娃，之后才创造出了其他的生物。这种神话故事没有科学依据，显然不能以理服人。在《埃及神话》中，是神的呼唤惊醒了人类。早在人类出世之前，就有一个全能的神存在，是他的一声声呼唤创造了世间万物。他说："苏比！"天地间就有了风；他说："泰富那！"天空就下起了雨；他又说："哈比！"于是一条大河从埃及流过，滋润了万物，这就是尼罗河……当他喊道："男人和女人！"埃及城内就出现了很多人。另有观点认为，生命是在地球的发展过程中由非生命物质转化而来的。当然是需要经过一定的历史时期，也需要具备一定的条件才可以。

古时候有"腐草化萤"和"汗液生虱"的说法，这种说法就认为非生命物质可以直接转化为生物。但这些也都是没有科学依据的说法，只是把现象当作本质的结果。生命物质的产生，不是非生命物质骤然间作用的结果，而是一个相当长的历史过程。

1952年，美国化学家米勒做了著名的米勒试验，为地球上生命的起源提供了可靠的科学依据。他制备了和原始大气相似的混合物，将甲烷、氨、水蒸气、氢气等混合放入一个消过毒的真空玻璃仪器。之后，模仿原始地球闪电连续进行火花放电。就这样，在8天之后，终于得到了一些大分子：甘氨酸、丙氨酸和少量的天冬氨酸和谷氨酸等重要氨基酸，它们都是构成蛋白质的重要物质。著名的"米勒试验"验证了无机物是在一定条件下可以转化成有机物的。

有机物是生命体的主要组成物质，一切有机物都是由无机元素碳和氧、氢、氮等元素构成的化合物。地球的原始大气中含有大量的碳、氢、氧、硫等元素。当时，地表温度很高，这些元素经过漫长的过程化合成了简单的有机物。这些有机物汇合到了原始海洋，强烈的太阳辐射带来大量的紫外线和其他宇宙射线，海洋中的有机物分子变得越来越复杂。直到最后，在某种条件下形成了一种特殊的有机分子，这个分子能够把较简单的分子组成与它自身相同的另一个分子。这就意味着，原始的生命物质产生了。

在地质学上，人们也找到了生命起源的证据。在10亿、20亿、30亿年前的岩层中，人们发现了20多种氨基酸。

四、环境——人类生存的空间

人类的诞生依赖于得天独厚的环境。

人们给环境的最为广义的定义，是包括自然环境及人类消耗自然资源的基本活动。在环境科学中，人们一般认为环境是指围绕着人群的空间及其中可以直接、间接影响人类生活和发展的各种自然因素的总体。

在我们中国广大的国土上，有着多姿多彩的环境：热带海洋的珊瑚礁和冰天雪地的林海雪原；全球最高的山峰和人口最密集的冲积平原；江南风景如画的田园和西北一眼望不到尽头的茫茫戈壁……自然界的鬼斧神工为人类留下了绚丽多姿的生存空间，人类也紧紧依赖于这些上苍赐予我们的环境。它既是人类赖以生存的空间，也是人类文明的源泉。

江南风景

宇宙环境

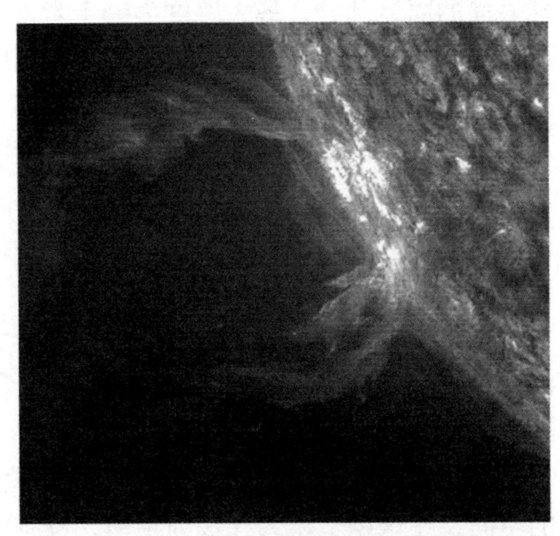
太阳表面

大气层外的环境，被人们称为宇宙环境。它是人类活动进入大气层以外的空间和地球邻近天体的过程中所形成的新概念，也有人称之为“空间环境”。中国古代对宇宙一词的解释是“宇”为上下四方，“宙”为古往今来，宇宙则是说无限的空间和时间。

宇宙环境由广袤的空间和存在于其中的各种天体以及弥漫物质组成。在茫茫的宇宙环境中，又存在着特征各异的小环境。地球周围笼罩着密集的大气，月球表面没有大气，水星只有极稀薄的大气，金星、木星有浓密的大气层，但都缺氧而富含二氧化碳及氢、氦、甲烷和氨等，太阳表面有效温度为5497℃，月球的昼夜温度为127℃～－183℃。

自古以来，人们一直在利用各种方法观测宇宙，但人类进入宇宙空间进行探测和活动只是近三四十年的事。1957年人造地球卫星发射成功，1961年载人卫星绕地球飞行，1962年发射金星探测器，1966年飞行器在月球表面软着陆，1969年宇航员登上月球，1972年飞行器在金星软着陆，同年发射了第一个太阳系外空间探测器，1975年携带生物的飞行器在火星软着陆，1977年飞行器飞掠木星上空，1979年探测器飞过土星，飞向天王星、海王星、冥王星进行考察……人类正在努力揭开宇宙环境的神秘面纱，以便更好地保护她、利用她。

地质环境

人们把由岩石、土壤、水和大气这些地球表层物质组成的体系叫地质

环境。

地质环境由岩石圈、水圈和大气圈等组成。岩石圈也称地壳，是地球表面的固体部分，最大厚度为65千米以上，最小厚度为5~8千米，平均厚度为30千米。人们能直接观察和接触到的只是地质环境外层很浅的一部分，目前，最深的矿井为3000米，最深的钻井也只有8000米。据估计在岩石圈外层16千米厚的岩带中，氧、硅、铝、钠、铁、钙、钾、镁等8种元素占这个岩石带总重量的98%以上。岩石圈内物质的分布是不均匀的，因而不同的地球化学环境产生不同的生态系统，不同地区的不同的岩石中蕴藏着不同的矿产，生长着不同种类的生物。

水圈是由地壳表面的液态水层组成，大约是在30亿年前形成的，其中海洋约占地球表面水体的97.2%，而河流和湖泊只占地球表面水体的不足3%，可供人类直接利用的淡水就更少了。

大气圈是地球表面的气体圈层。地球大气分布在从地表至80~90千米的空间，在这以上，大气极为稀薄，没有明显的上限。按大气温度随高度的变化，大气圈可分为对流层、平流层和电离层等层次。对流层是指运动显著、靠近地面的底层大气，它与地表的关系极为密切，对人类和其他生物的生存有着重大的影响。干洁的空气其化学组成为恒定成分，主要是氮

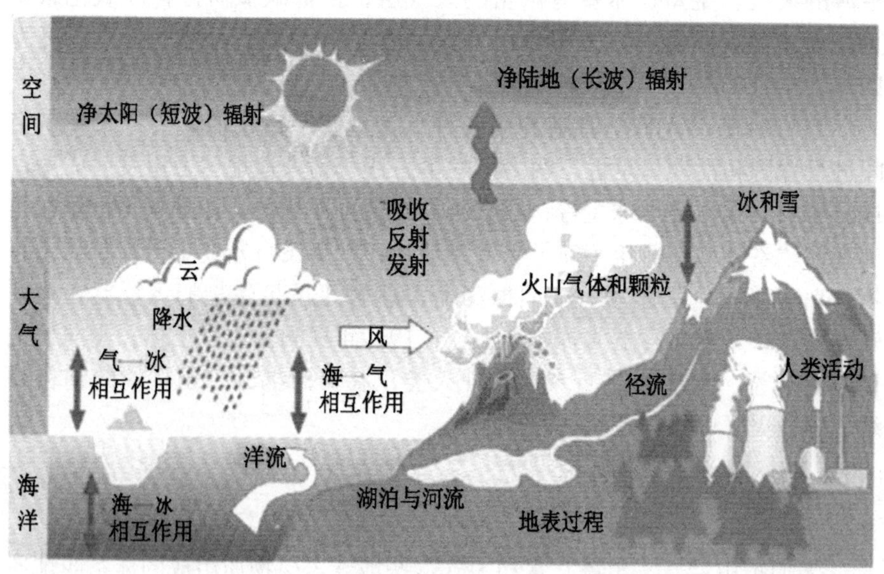

大气圈

和氧两种气体，按体积计算约占大气总体积的98%以上，其次为氩气、二氧化碳、氖、氦等气体。

我们人类生活的地球，是人们休养生息的地方，科学家们称之为“生物圈一号”。为了试验人类离开地球能否生存，美国从1984年起在亚利桑那州建造了一个几乎密封的“生物圈二号”实验基地，它占地1.3万平方米，容积20.4万立方米，设计及建设花费2亿美元，每年的维护费达数百万美元。“生物圈二号”内有土壤、水源、空气和多种多样的动植物和微生物，科学家们希望这个模拟地球环境的实验室能提供足够的食物、水和空气，供8名进入“生物圈二号”工作的研究人员生活两年。

然而，几年以后的事实表明，“生物圈二号”的设想是失败的，它证明了在现有的科学技术条件下，地球是人类唯一的家园，人类离开了地球就无法生存，人类应当努力保护它而不是破坏它。

生物圈二号

“生物圈二号”的失败主要是由于大气环境的恶化。在“生物圈二号”中，由于土壤中的碳与氧气反应生成二氧化碳，部分二氧化碳又与建“生物圈二号”用的混凝土中的钙反应生成碳酸钙，导致“生物圈二号”中氧气含量从21%降到14%，二氧化碳含量猛增。另外，一氧化碳的含量也猛增了79%，足以使人体合成维生素B_{12}的能力减弱，危害大脑健康。

在“生物圈二号”中，除了藤本植物比较繁盛外，所有靠花粉传播繁殖的植物都灭绝了，大树也奄奄一息，昆虫除了白蚁、蟑螂和蝈蝈外基本死亡，人造海洋中生物生存情况略好于地面。最近，由一个专家委员会对该实验进行了总结，他们认为，目前人类还无法用人为方法保持地球的活力，没人知道怎样建造一个脱离地球自然环境而又能让人类休养生息的生态系统。

五、可贵的环境自净能力

环境也能自净吗?

自然环境有它自身的组成成分和存在状态，大气以其主要的构成气体按一定比例和方式构成了大气环境。水体、土壤也一样。应该说它们都是具有完整结构的有机构成体，在动态平衡的状况下不断进行着物质的循环和能量的流动。当有某种物质进入这个有机构成体，无论是大气、水体或土壤，并破坏了它的结构，打破了它的这种动态平衡，就会导致环境质量的恶化，从而使生存在这个环境中的生物，包括我们人类的正常生存，受到危害甚至威胁，这些物质我们称其为污染物。

物理净化设备

在一般情况下，污染物进入环境以后，可以通过大气、水、土壤等环境要素的扩散、稀释、氧化还原、生物降解等作用，使它的浓度和毒性得到自然降低，这种现象我们把它称为环境自净。

环境自净以它的发生机理可以分为三类：物理净化、化学净化和生物净化。

物理净化　物理净化的方式有稀释、扩散、淋洗、挥发、沉降等。火电厂的烟囱排放的未经处理的烟气，其中含有的烟尘等污染物，通过气流的扩散，降水的淋洗，或重力的沉降作用得到去除和净化；轧钢厂的废水排入江河以后，其中的悬浮物等污染物通过物理吸附、自然沉降和水流的稀释扩散等作用，水体可以恢复到清洁的状态；土壤中的挥发性污染物如酚、氰、汞等物质，也可以通过挥发作用使其含量逐渐降低。这些污染物由于扩散、稀释、沉降等物理过程而使其浓度和毒性自然降低的作用，都属于物理净化作用。

化学净化　化学净化是指污染物由于氧化、还原、吸附、凝聚等化学作用而使其浓度和毒性自然降低的作用。如水中的铅、锌、镉、汞等重金属离子可以与硫离子化合，生成难溶于水的硫化物沉淀，从而使水中这些重金属物质被去除掉；把六价铬还原成为三价铬而降低其活性等等。化学净化作用也表现在铁、锰、铝的水合物、黏土矿物、腐殖酸等对重金属离子的化学吸附和凝聚作用，以及土壤与沉积物的代换作用等。

生物净化　生物净化是指通过生物的吸收、降解作用使环境污染物的浓度和毒性降低或消失。绿色植物吸收二氧化碳放出氧气，使大气中的二氧化碳与氧气比例保持相对平衡；有的植物能吸收土壤中的酚、氰等物质，并在体内转化为其他的无害物质；许多微生物在水体自净中起到了巨大的作用，需氧微生物大量繁殖，能将水中的各种有机物迅速地分解、氧化，转化成为二氧化碳、水、氨和硫酸盐、磷酸盐等；厌氧微生物在缺氧条件下，能把各种有机污染物分解成甲烷、二氧化碳和硫化氢等，硫黄细菌能使硫化氢转化为硫酸盐；氨在亚硝酸菌和硝酸菌的作用下，可以被氧化成为亚硝酸盐和硝酸盐。生物净化在自然净化中具有十分重要的意义。

环境也有容量吗?

环境对任何污染物的自净能力都是有限的，如果进入环境的污染物质超过了环境对它的自净能力，环境就会受到破坏，我们把环境对污染物容纳能力的这个界限，称为环境容量。

任何一个特定的环境，如一个自然区域、一个城市、一个水体，对污染物的容纳能力是一定的，如果所排放的污染物破坏了环境的动态平衡，将表现为环境质量的恶化，就会危及环境中生存的生物及人类。

六、森林——地球的“绿色财富”

覆盖在大地上的郁郁葱葱的森林是自然界拥有的一笔巨大而又最珍贵的“绿色财富”。

人类的祖先最初就是生活在森林里的。他们靠采集野果、捕捉鸟兽为食，用树叶、兽皮做衣，在树上架巢做屋。森林是人类的老家，人类是从这里起源和发展起来的。直到今天，森林仍然为我们提供着生产和生活所必需的各种资源。估计世界上有3亿人以森林为家，靠森林谋生。

森林提供包括种子、果子、根茎、块茎、菌类等各种食物，泰国的某些林业地区60%的粮食取自森林。森林灌木丛中的动物还给人们提供肉食和动物蛋白。我国和印度使用药用植物已有5000年的历史，今天世界上大多数的药材仍旧依靠植物取得。在发达国家，1/4药品中的活性配料来自药用植物。

木材的用途很广，造房子、开矿山、修铁路、架桥梁、造纸、做家具……森林为数百万人提供了就业机会。其他的林产品也丰富多彩，松脂、烤胶、虫蜡、香料等，都是轻工业的原料。薪柴是一些发展中国家的主要燃料。世界上约有20亿人靠木柴和木炭做饭。像布隆迪、不丹等一些国家，90%以上的能源靠森林提供。

各种各样的植物

森林的巨大价值，还在于它保护和改善了人类的生存环境。

森林就像大自然的“调度员”，它调节着自然界中空气和水的循环，影响着气候的变化，保护着土壤不受风雨的侵犯，减轻环境污染给人们带来的危害。首先，森林对气候的调节作用非常重要。森林浓密的树冠在夏季能吸收和散射、反射掉一部分太阳辐射能，减少地面增温。冬季森林叶子虽大都凋零，但密集的枝干仍能削减吹过地面的风速，使空气流量减少，起到保温、保湿作用。据测定，夏季森林里气温比城市空阔地低2℃～4℃，相对湿度则高15%～25%，比柏油混凝土的水泥路面气温要低10℃～20℃。由于林木根系深入地下，源源不断吸取深层土壤里的水分供树木蒸腾，使森林形成雾气，增加了降水。通过分析对比，林区比无林区年降水量多10%～30%。国外报导，要使森林发挥对自然环境的保护作用，其绿化覆盖率要占总面积的25%以上。

“地球之肺”——森林

同时，森林还是当之无愧的“地球之肺”，每一棵树都是一个氧气发生器和二氧化碳吸收器。氧气是人类维持生命的基本条件，人体每时每刻都要呼吸氧气、排出二氧化碳。一个健康的人三两天不吃不喝不会致命，而短暂的几分钟缺氧就会死亡，这是人所共知的常识。据文献记载，一个人要生存，每天需要吸进0.8千克氧气，排出0.9千克二氧化碳。森林在生长过程中要吸收大量二氧化碳，放出氧气。据研究测定，树木每吸收44克的二氧化碳，就能排放出32克氧气；树木的叶子通过光合作用产生1克葡萄糖，就能消耗2500升空气中所含有的全部二氧化碳。按理论计算，森林每生长1立方米木材，可吸收大气中的二氧化碳约850千克。若是树木生长旺季，1公顷的阔叶林，每天能吸收1吨二氧化碳，制造生产出750千克氧气。据有关资料介绍，10平方米的森林或25平方米的草地就能把一个人呼吸出的二氧化碳全部吸收，供给所需氧气。

就全球来说，森林绿地每年为人类处理近千亿吨二氧化碳，为空气提供60%的净洁氧气，同时吸收大气中的悬浮颗粒物，有极大的提高空气质量的能力，并能减少温室气体，减少热效应。

其次，森林能涵养水源，在水的自然循环中发挥重要的作用。“青山常在，碧水长流”，树总是同水联系在一起。降水的雨水，一部分被树冠截留，大部分落到树下的枯枝败叶和疏松多孔的林地土壤里被蓄留起来，有的被林中植物根系吸收，有的通过蒸发返回大气。1公顷森林一年能蒸发8000吨水，使林区空气湿润，降水增加，冬暖夏凉，这样它又起到了调节气候的作用。

不仅如此，森林还能改变低空气流，有防止风沙和减轻洪灾的作用。由于森林树干、枝叶的阻挡和摩擦消耗，进入林区后风速会明显减弱。据资料介绍，夏季浓密树冠可减弱风速，最多可减少50%。风在入林前200米以外，风速变化不大。过林之后，经过500米～1000米才能恢复过林前的速度。人类便利用森林的这一功能造林治沙。森林地表枯枝落叶腐烂层不断增多，形成较厚的腐质层，就像一块巨大的吸收雨水的海绵，具有很强的吸水、延缓径流、削弱洪峰的功能。另外，树冠对雨水有截流作用，能减少雨水对地面的冲击力，保持水土。据计算，林冠能阻载10%～20%的降水，其中大部分蒸发到大气中，余下的降落到地面或沿树干渗透到土壤中成为地下水，所以一片森林就是一座水库。森林植被的根系能紧紧地固定土壤，能使土地免受雨水冲刷，防止水土流失，防止土地荒漠化。

通常情况下，凡是有森林的地方，一般不会发生洪水，更不会遭受风沙的侵袭。我国黄河上游的戈壁滩，历史上曾经是一片绿地，曾经覆盖着大片的森林。那时候，从山上流下的水是清澈的。黄河那时是一条清水河，丰茂的森林、清清的河水哺育了黄河两岸的儿女，孕育了中华民族的早期文化。后来，由于历代战乱和过分开垦，加上森林大火等灾害，使黄河上游的绿色植被逐渐变成了今天的样子，天灾人祸毁了黄土高原的植被。经常弥漫的风沙和不断流失的水土，不仅使当地经常遭受风灾、旱灾、水灾之苦，而且祸及沿黄地区的渤海湾畔。除了上述的作用以外，森林还是改善环境、抗击污染的“主将”。随着工矿企业的迅猛发展和人类生活用矿物燃料的剧增，受污染的空气中混杂着一定含量的有害气体，威胁着人类的健康和生活，其中二氧化硫就是分布广、危害大的有害气体。凡是生物都有吸收二氧化硫的本领，但吸收速度和能力是不同的。植物叶面积巨大，吸收二氧化硫要比其他物种大得多。据测定，森林中空气的二氧化硫要比空旷地少15%～50%。若是在高温高湿的夏季，随着林木旺盛的生理活动，森林吸收二氧化硫的速度还会加快。

工矿企业——二氧化硫的制造者

森林的除尘作用和对污水的过滤作用也非常明显。工业的发展导致排放的烟灰、粉尘、废气严重污染着空气，威胁人类健康。高大树木叶片上的褶皱、茸毛及从气孔中分泌出的黏性油脂、汁浆能粘截到大量微尘，有明显阻挡、过滤和吸附作用。据资料记载，每平方米的云杉，每天可吸滞粉尘8.14克；松林为9.86克；榆树林为3.39克。一般说，林区大气中飘尘浓度比非森林地区低10%～25%。每公顷森林每年能吸附50吨～80吨粉尘，城市绿化地带空气的含尘量一般要比非绿化地带少一半以上。另外，森林对污水净化能力也极强。据国外研究介绍，污水穿过40米左右的林地，水中细菌含量大致可减少一半，而后随着流经林地距离的增大，污水中的细菌数量最多可减至90%以上。

不仅如此，许多树木能分泌出杀伤力很强的杀菌素，杀死空气中的病菌和微生物，对人类有一定保健作用。有人曾对不同环境中每立方米空气的含菌量作过测定：闹市区空气里的细菌含量要比绿化地区多85%左右。譬如说在人群流动的公园细菌含量为1000个，街道闹市区为3万～4万个，而在林区仅有55个。另外，树木分泌出的杀菌素数量也是相当可观的。例如，1公顷桧柏林每天能分泌出30千克杀菌素，可杀死白喉、结核、痢疾等病菌。

森林还是天然的消声器。噪声对人类的危害随着公共交通运输业的

发展越来越严重，特别是城镇尤为突出。据研究结果，噪声在50分贝以下，对人没有什么影响；当噪声达到70分贝，对人就会有明显危害；如果噪声超出90分贝，人就无法持续工作了。森林作为天然的消声器有着很好的防噪声效果。经实验测得，公园或树林可降低噪声5分贝～40分贝，比离声源同距离的空旷地自然衰减效果多5分贝～25分贝；汽车高音喇叭在穿过40米宽的草坪、灌木、乔木组成的多层次林带时，噪声可以削减10分贝～20分贝，比空旷地的自然衰减效果多4分贝～8分贝，在城市街道上种树，也可消减噪声7分贝～10分贝。要使消声有好的效果，在城里，最少要有宽6米、高10米半的林带，林带不应离声源太远，一般以6米～15米间为宜。

森林不仅仅能够保护和改善人类的环境，同时它还是多种动物的栖息地，也是多类植物的生长地，是地球生物繁衍最为活跃的区域。所以，森林保护着生物多样性资源，而且无论是在城市周边还是在远郊，森林都是价值极高的自然景观资源……

森林是如此的重要，我们不难想象：如果没有森林，陆地上绝大多数的生物会灭绝，绝大多数的水会流入海洋；大气中的氧气会减少、二氧化碳会增加；气温会显著升高，水旱灾害会经常发生……

总之，没有森林就没有生命，更加没有人类美好的未来。

七、环境问题的不断发展

从人类诞生开始就存在着人与环境的对立统一关系，也就出现了环境问题。从古至今随着人类社会的发展，环境问题也在发展变化，大体上经历了四个时期。

1.环境问题的萌芽

人类在诞生以后很长的岁月里，只是天然食物的采集者和捕食者，人类对环境的影响不大。那时“生产”对自然环境的依赖十分突出，人类主要是以生活活动、以生理代谢过程与环境进行物质和能量转换，主要是利用环境，而很少有意识地改造环境。如果说那时也会产生“环境问题”的话，则主要是由于人口的自然增长和盲目地乱采滥捕、滥用资源而造成生活资料缺乏，引起的饥荒问题。为了解除这种环境威胁，人类被迫学会了吃一切可以吃的东西，以扩大和丰富自己的食谱，或是被迫扩大自己的生活领域，学会适应在新的环境中生活的本领。

随后，人类学会了培育植物、驯化动物，开始发展农业和畜牧业，这在生产发展史上是一次大革命。而随着农业和畜牧业的发展，人类改造环境的作用也越来越明显地显示出来，但与此同时也发生了相应的环境问题，如大量砍伐森林、破坏草原、刀耕火种、盲目开荒，往往引起严重的水土流失、水旱灾害频繁和沙漠化；又如兴修水利，不合理灌溉，往往引起土壤的盐渍化、沼泽化，以及引起某些传染病的流行。在工业革命以前虽然已出现了城市化和手工业作坊，但工业生产并不发达，由此引起的环境污染问题并不突出。

人类错误的行为

2.环境问题的发展恶化

随着生产力的发展，在18世纪60年代至19世纪中叶，生产发展史上又出现了一次伟大的革命——工业革命。它使建立在个人才能、技术和经验之上的小生产被建立在科学技术成果之上的大生产所代替，大幅度地提高了劳动生产率，增强了人类利用和改造环境的能力；大规模地改变了环境的组成和结构，从而也改变了环境中的物质循环系统；扩大了人类的活动领域，但与此同时也带来了新的环境问题。一些工业发达的城市和工矿区的工业企业，排出大量废弃物污染环境，使污染事件不断发生。如：1873年12月、1880年1月、1882年2月、1891年12月、1892年2月，英国伦敦多

次发生可怕的有毒烟雾事件；19世纪后期，日本足尾铜矿区排出的废水污染了大片农田；1930年12月，比利时马斯河谷工业区由于工厂排出的有害气体，在逆温条件下造成了严重的大气污染事件。如果说农业生产主要是生活资料的生产，它在生产和消费中所排放的“三废”是可以纳入物质的生物循环，能迅速净化、重复利用的话，那么工业生产除生产生活资料外，它还大规模地进行生产资料的生产，把大量深埋在地下的矿物资源开采出来，加工利用投入环境之中，许多工业产品在生产和消费过程中排放的“三废”，都是生物和人类所不熟悉、难以降解和无法忍受的。总之，由于蒸汽机的发明和广泛使用以后，大工业日益发展。生产力有了很大的提高，环境问题也随之发展且逐步恶化。

3.第一次环境问题高潮

环境问题的第一次高潮出现在20世纪50、60年代。20世纪50年代以后，环境问题更加突出，震惊世界的公害事件接连不断。1952年12月的伦敦烟雾事件，1953~1956年日本的水俣病事件。1961年的四日市哮喘病事件，1955~1972年的痛痛病事件等，形成了第一次环境问题高潮。这主要是由于下列因素造成的：

一是人口迅猛增加，都市化的速度加快。刚进入20世纪时世界人口为16亿，至1950年增至25亿；20世纪50年代之后，1950~1968年仅18年间就由25亿增加到35亿；而后，人口由35亿增至45亿只用了12年。1900年拥有70万以上人口的城市，全世界有299座，到1951年迅速增到879座，其中百万人口以上的大城市约有69座。在许多发达国家中，有半数人口住在城市。

二是工业不断集中和扩大，能源的消耗大增。1900年世界能源消费量还不到10亿吨标准煤，至1950年就猛增至25亿标准煤；到1956年石油的消费量也猛增至6亿吨，在能源中所占的比例加大，又增加了新污染。大工业的迅速发展逐渐形成大的工业地带，而当时人们的环境意识还很薄弱，第一次环境问题高潮出现是必然的。

当时，在工业发达国家因环境污染已达到严重程度。直接威胁到人们的生命和安全，成为重大的社会问题，激起广大人民的不满，并且也影响了经济的顺利发展。1972年的斯德哥尔摩人类环境会议就是在这种历史背景下召开的。这次会议对人类认识环境问题来说是一个里程碑。工业发达国家把环境问题摆上了国家议事日程，包括制订法律、建立机构、加强管理、采用新技术，20世纪70年代中期环境污染得到了有效控制，城市和工业区的环境质量有明显改善。

4.环境问题再起波澜

第二次高潮是伴随全球性环境污染和大范围生态破坏，在20世纪80年代初开始出现的一次高潮。人们共同关心的影响范围大和危害严重的环境问题有三类：一是全球性的大气污染，如“温室效应”、臭氧层破坏和酸雨；二是大面积生态破坏，如大面积森林被毁、草场退化、土壤侵蚀和荒漠化；三是突发性的严重污染事件迭起。如：印度博帕尔农药泄漏事件和苏联切尔诺贝利核电站泄漏事故等。在1979～1988年间，这类突发性的严重污染事故就发生了十多起。这些全球性大范围的环境问题严重威胁着人类的生存和发展，不论是广大公众还是政府官员，不论是发达国家还是发展中国家，都普遍对此表示不安。1992年里约热内卢环境与发展大会正是在这种社会背景下召开的，这次会议是人类认识环境问题的又一个里程碑。

八、地球生态危机

人类经过漫长的奋斗历程，在改造自然和发展经济方面建树了辉煌业绩，但由于工业化过程中的处置不当。尤其是不合理地开发利用自然资源，造成了全球性环境污染和生态破坏，对人类的生存与发展构成了现实威胁。解决全球十大生态问题(温室效应、臭氧威胁、生物多样性危机、水土流失、荒漠化、土地退化、水资源短缺、大气污染和酸沉降、噪声污染及热带雨林危机)，实现持久发展的任务，已成为人类必须解决

的重要问题。

生态理想国

20世纪90年代，冒出两个“生态理想国”。一个是大自然环抱的“桃花源”；一个是高科技哺育的“封闭生物圈”。

在保加利亚的深山里，来自50多个国家的数百名青年男女，呼喊着“还我一个土净水清气爽的地球”口号，创建了“人间最后一片净土”。湍急的伊斯戈尔河切断逶迤千里的巴尔干山脉，开辟了一片人迹罕至的幽静谷地、瀑布飞悬、百鸟高鸣、绿茵铺地、野花灿烂、鹰翔蓝天、鱼潜水底、雀鸟嬉戏、野兔信步。青年们在两树间挂一横幅，上书“生态理想国—92”字样。“理想国”居民把动物看作兄弟，食物全部取自于植物。他们集体赤身去酒吧，泥浆涂身去裸浴。“理想国”成员说：在这里，裸体不是色情，而是表示反抗；赤足不是为了走路，而是表示否定；吃素不是信教，而是表示厌恶。这是对“人们对破坏地球生态无动于衷”的反抗、否定和厌恶，是对“令人窒息的臃肿社会”的反抗、否定和厌恶。有人描述道：“这群来自天南地北的痴男怨女们，带着他们对人生的全部憧憬而来，把各自原来没有实现的理想全化为这仲夏之梦。他们不按现行的道德尺度规范自己的行为，也不借理智压抑激情，长久地在这梦一般的‘国度’里流连。”

与消极遁世的“生态理想国—92”不同，另一个生态理想国则纯属实业家和科学家理智的产物。

美国有个“垮掉的一代”派诗人约翰•艾伦，此人于20世纪80年代初建立了“太空生物圈风险公司”，在他的同事得克萨斯州富翁爱德华•巴斯的巨款资助下建造了“生物圈二号”。“生物圈二号”是建筑在美国亚利桑那州图森以北荒无人烟的沙漠中，由玻璃和钢铁构成的3个足球场大小的封闭暖房。暖房里有3万吨泥土，7007立方英尺空气，100万加仑海水与20万加仑淡水。暖房划分为若干生物区，有飞瀑飘舞的热带雨林、奔涌着浪头的人造海洋、干燥酷热的沙漠、平坦的草原和泥泞的沼泽，3800种动植物生长与活动其间。8名研究者从1971年9月26日进入暖房后，靠自己的双手和智力整整生活了两年。

萨莉·西尔弗斯通负责农活和饲养牲畜。她说，食物生产曾遇到各种麻烦，如事先未料到的多云冬天使作物收成不佳，家畜受螨虫侵扰而染疾在身，本该自我维持的气体质量方面未能达到平衡，“居民们”不得已两次从外部补充氧气。但“居民们”毕竟活了下来，她不无深情地说，她怀念农场内外的奇景、搏浪击水的人造海洋、设备齐全的健身房和雨林中的通幽小径。建立“生物圈二号”的意图是验证人类在征服宇宙过程中，在别的星球上建立永久性空间站和治理地球环境污染的能力。负责机械系统的马克·冯蒂洛说，在整个生物圈系统中水循环使用，大气没有受到污染，“我们手中掌握着使地球变得更美好的技术。”科学顾问查克·斯利科称，这次试验的意义在于，它有助于建立封闭圈内动植物、水和空气之间传递营养物及气体方式的数字模型，而这一模型能用来解释地球上的此类循环。它还会带来一系列副产品，如新的集约农业技术和废品回收工艺，以及利用土壤细菌清除污染物技术。始终关注此项实验的美国航空和航天局的生物专家吉拉尔德·索芬则认为，实验未能有效地作为全球变暖的研究手段，与其说它是一个实验计划，倒不如说它是一个演示计划。

“生物圈二号”内一角

两个理想国的准则与方式不同，理想与目标也不同，但都是环境污染和生态失衡的对立物。它们为保护环境和维持生态平衡所做的努力，实际上反映了人类某种普遍的情绪和愿望。

在生态逐渐失衡、人类生存环境受到严重威胁面前，联合国于1973年成立环境规划署；各国领导人于1992年和2000年齐集在巴西与南非，将世界环境和发展问题作为共同话题；保护环境的众多国际法条约先后出台。地球村里的不同国家、不同地区、不同民族已动员起来，吹响了保卫人类

赖以生存的共同家园的集合号，地球虽然回不到“生态理想国”的状态，但人类有信心使生态环境能够向着平衡的方向发展。

大自然震怒

经济开发和环境保护是一对孪生兄弟。经济开发促进人类进步，但以损害环境为代价，不加协调地开发注定会引起环境的愤怒与惩罚。进入农业文明后，人类高唱耕作与畜牧两支战歌，垦土地、拓牧场。在五谷丰登、遍地牛羊的背后，森林匿迹、溪流绝唱、草原退化、流沙尘扬。发祥于幼发拉底河与底格拉斯河流域的古巴比伦曾璀璨一时。公元前，那里曾经林木葱郁、沃野千里，过度地开发和连年征战最终将这颗文明之珠埋在黄沙之下。西周时，中国黄河流域也曾林木森森，如今，黄土高原只能袒露出瘦骨嶙峋的脊梁，沟壑里淌着苦涩的泪水。养育过华夏文明的黄河，拖着世界河流泥沙沉重的身躯，向着“黄河清”的梦幻，一路呜咽一路寻。印度的塔尔沙漠，白日酷热、夜间冰凉、狂风起处、遮天蔽日，在4000年前，这里却气候湿润、鸟语花香、小麦摇铃、棉花堆云、良田万顷、农夫如织，出现过令人钦羡的印度河流域文明……

印度河流域

进入18世纪，出现了工业文明，人类的能力、智慧以令人眩晕的场景展现在历史的大舞台上。在工业革命以来的200多年里，人类社会的发展超过了过去几千年。跨入20世纪后，科学技术的迅猛发展使人类的生产力跃上新台阶，人类在怀疑还有什么自己不敢为，还有什么自己不能为。极地探险、分子裂变、海底游弋、基因移植、人工智能等画面让人应接不暇。

当人类为自己的成就欢呼雀跃时，被逼入困境的环境却在痛苦呻吟。

臭氧层吸收太阳撒向地球的紫外线，像一件“太空服”保护着地球生物。自20世纪70年代以来，工业排放物氟利昂在空中终成气候，具备了撕开臭氧层的能力。国际自然保护组织说，1969～1988年，北半球臭氧量减少了3%～5.5%。北美和欧洲臭氧量明显减少趋势正向整个地球扩展，南极已出现了令人心悸的巨大空洞。近20年来，全球平均臭氧浓度每10年约减少3%。20世纪90年代后，在人群集中的北半球中纬度地区，在冬季连续出现了1957年以来的最低臭氧值，南极臭氧洞的最大面积已由20世纪80年代末的2000万平方千米左右扩展到21世纪初的2900万平方千米。

森林是野生动物生息地，也是二氧化碳的吸收源，被称为地球的肺。联合国粮农组织1991年在“森林资源评估计划”中称，热带雨林每年减少

野生动物栖息地

6.9%，其面积相当于半个日本。危地马拉《中美洲新闻》载文称，中美洲现存森林1450公顷，由于不发达和缺乏能源，人们用木柴做燃料，加上放牧、走私木材和种植香蕉等活动，它正以每年38.3万公顷的速度消失。有"世界肺脏"之称的亚马孙森林正遭受无休止的砍伐。中国森林覆盖率为12%，在世界居第131位，而损失速度却排在前列。云南的森林覆盖率20世纪50年代为50%，20世纪70年代降至25%，每年以0.9%的速度递减。气候宜人的西双版纳也出现了旱情。在历史上，森林曾占地球面积的1/3，经过1万年的开发，它已减少到原面积的1/3。最近20年是森林逢遭厄运的20年，每年约有2000万公顷林木被砍伐。欧洲原始森林几近消失，美国的森林只及150年前的5%，2.8亿公顷的世界热带雨林在最近10年里仅存1/2。

全球每年向空中排放的有害气体，使世界一半城市人口约9亿人在二氧化碳超过标准的大气中呼吸，另有10亿人生活在烟尘和灰尘等颗粒物超标的环境中。环境专家已测出260余种危害人体的挥发性有机物。酸雨、酸雾、酸雪等有害物质沉降体，随大气气流到处游荡，为害四方。陆地上的液体和固体垃圾充斥于江河湖泊、丘陵原野，全球危险废物每年以5亿吨的速度急剧增加，无一地无一物不受其害。

大地在走向沙漠化。联合国环境计划署1991年调查后认为，整个地球陆地40%、约61亿公顷土地将变成干燥地区，干燥地区69%的农田趋向沙漠化。21世纪初，全球受沙漠化影响的土地为3800万平方千米，每年有5万至7万平方千米的土地拥抱沙漠死神，每分钟将近11公顷的土地被沙漠化。据2006年官方材料，中国土地沙漠化面积在50多年里由66.67万平方千米扩大到的173.9万平方千米，占国土面积18%以上，影响全国30个一级行政区。

野生动物濒危。地球上得到确认的物种达140万种之多，据专家称，这只是一小部分。实际上，地球有500万～5000万种生物。人类是在与物种同行中得以发展的，本应与物种共存共荣。大规模开发无可挽回地导致生物生态环境恶化，滥捕滥获又加重了生物的苦难。21世纪初，总部位于华盛顿的一个国际组织——世界资源保护联盟在对1.8万个动植物种类所进行的最新调查表明，有11046个生物物种濒临灭绝。在过去的500年内，已有816种动植物从地球上消失，目前，地球物种消亡的速度最高已达到自然状态下的一万倍。21世纪初，地球上生存的哺乳动物中，大约有24%的哺乳动物、12%的鸟类、1/4的爬行类、1/5的两栖类动物及30%的鱼类正濒临灭绝。在该报告中，美国被列为头号鱼类和无脊椎动物濒危国家，马来西亚被列为最重要的植物品种濒危国家。加拿大野生生物中心主任的伯拉基特说，在21世纪的前10年，不少物种数量将大幅减少，包括灵长类动物。

生物资源面临的悲剧直接影响到人类本身。美国著名生物学家爱德华·威尔逊对记者说："如果我们在没有开发利用之前就破坏了这些生物资源，那么，很多新的药品、食物、纤维、肥料、油料和其他产品将永远失去同人们见面的机会。应当明白，是那些绿色植物以及大量微生物和默默无闻的小动物构成了地球生命的'熔炉'，正是它们侵入了地球的表面，肥沃了土壤，创造了我们赖以生存的空气。影响这种平衡是很危险的。各种昆虫和节肢动物的重要性已大到如此的程度，以至于它们如招致灭绝，人类只能存活几个月。"

濒危的野生动物

保护环境多磨难

奇科·门德斯是巴西环保运动的组织者，为保护亚马孙森林被一伙农场主谋杀。

科斯特纳因在美国一家法庭开庭审理火葬场污染的案件中作证，身份不明的歹徒烧毁了她的居室和办公室。

斯·麦克圭尔是美国佛罗里达州的一位环境保护活动分子，她提出要起诉一家公司污染河流。在偏僻的鱼塘区，她惨遭3个壮汉的殴打和伤害。

加拿大人科林•麦克罗里为保护不列颠哥伦比亚森林奋斗了20年，在此期间，她的3个孩子在学校受尽了污蔑和中伤。

国家和民族遭受的威胁和伤害远甚于环境斗士个人所遭受的威胁与伤害。发展中国家正长期经受着发达国家“生态侵略”的折磨。

发达国家为了保护自己的生态环境，竞相向发展中国家发起“侵略”：一些发达国家把重污染工厂移往发展中国家。20世纪80年代前半期，美国“肮脏”工业国外投资的1/3，日本同类投资的3/4是在发展中国家。

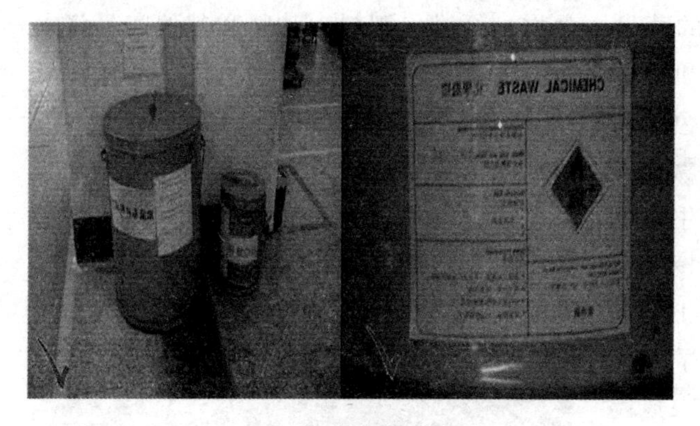
危险垃圾

世界生产的5亿吨危险垃圾中，产自发达国家的有90%。由于国内处理危险垃圾费用较高，发达国家以廉价报酬向发展中国家倾倒。据绿色和平组织的报告，发达国家以每年5000万吨的规模向发展中国家转移有毒或有害垃圾。发达国家廉价购买发展中国家原料，给发展中国家的资源破坏注入动力。

“生态侵略”说明发达国家对环境保护负有特殊责任。

1992年，里约热内卢嘉宾云集，各国领导人汇聚一堂，共商环保大计。尽管各国想法不同，主张各异，但最终签署了具有划时代意义的《里约宣言》和《21世纪议程》。会议同意把发达国家对全球环境恶化的特殊责任和提供“新的额外资金”和以优惠条件转让环境无害技术写入会议文件。一些发达国家强调生态保护的意义与自身的责任。荷兰环保大臣说：“工业化国家必须改变其生产和消费方式。”冰岛环境部部长说：“地球上没有一个岛屿不遭污染，污染对今后的海洋已形成严重威胁，而海洋的污染源70%是来自陆地，为此，采取措施防止污染已刻不容缓。”日本代表也承认应在“共同但有区别的责任”的基础上，共同对付人类持续发展的挑战。瑞典环境大臣承认“工业化国家对环境负有最大的责任”。美国在会上持消极态度，克林顿政府上台后，才转而持积极态度，同意将美国有害气体排放量控制在1990年水平，并在保护物种公约上签字。2002年8月26日至9月4日，可持续发展世界首脑会议在约翰内斯堡召开，有192个政府代表团、104位国家元首和政府首脑出席了会议。会议通过了两份重要文件——《执行计划》和作为政治宣言的《约翰内斯堡可持续发展承诺》，取得积极成果。朱镕基总理代表中国政府在会上重申了对可持续发展的承诺，宣布中国正式核准《京都议定书》。

地球生态保护最终取决于世界各国的通力合作。就目前而言，它特别有赖于南北差距的缩小和南北关系的改善。发展中国家经济发展缓慢，债务负担加重，生产资金不足，通货膨胀惊人，出口持续不振，技术发展滞后。这些困难除由于发展中国家自身的条件和失误外，主要是国际垄断资本剥削的结果，是发达国家转嫁危机和困难的结果。只要南北关系不做根本改善，发展中国家便难有余力和精力全面改善环境。如果发达国家真的关切世界生态安全，就应该持现实态度，采取切实步骤，帮助改善南方国家的困难处境。因此，世界同心协力对付生态危机只能在南北关系得到真正改善之后。

九、它们在和我们挥手诀别

它们已经不在

白鳍豚、新疆虎、普氏野马、白头鹤、小齿灵猫、云南闭壳龟、台湾云豹、南非斑驴、候鸽、金蟾蜍、加勒比的僧海豹、比利牛斯山羊、北非麋羚、爪哇虎等等，它们都已永远离开了我们。

它们即将消失

苏门答腊虎

北极、大堡礁、威尼斯、乞力马扎罗山、马尔代夫群岛、美国阿拉斯加、奥地利基茨比厄尔、厄瓜多尔加拉帕戈斯群岛，中国的西北长城、甘肃月牙泉、新疆天山天池、青海湖、泸沽湖等，这些曾经的美景即将消失。

北极熊、苏门答腊虎……全世界76科300多种植物濒临灭绝，有800多种野生动物由于缺少应有的环境保护而濒临灭绝。

尽管人类不断发现形形色色的新物种，但是其他动植物的数量却在减少，逐渐成为濒危物种。世界上已知的180多万个物种中，部分独一无二却鲜为人知的物种可能会灭绝，还有一些可能在人类发现、记载它们之前就已经消失了。世界自然基金会的地球生命指数持续追踪全球4000种物种，包括鸟类、鱼类、哺乳类、爬虫类和两栖类，在1970年到2007年的10年间，陆生的物种减少了25%，海生的物种减少了28%，淡水的物种减少29%，而海鸟则减少了30%。目前，世界上还有四分之一的哺乳动物、1200多种鸟类以及3万多种植物面临灭绝的危险。国际野生动物贸易研究委员会和世界自然基金会中国分会的相关数据显示，我国是亚洲非法野生动物贸易的主要市场之一，同时也是濒危物种的消费大国。

82个位于森林带范围内的国家已经完全失去了未受侵扰的原始森林，而且那些依然拥有大面积原始森林的地区，也面临着被毁灭的命运。例如在全世界森林消失速度最快的亚太天堂雨林，如果现在不停止猖獗的非法和破坏性的采伐，原始森林将会在未来10年内从地球上消失。

即将消失的版图

马尔代夫是印度洋上的一串明珠：1190个苍翠群岛镶嵌在蔚蓝的海面上，如同珍珠一样光彩夺目。这里被称为“人间天堂”。不过，一个残酷的事实是，马尔代夫的美景全部位于低海拔，全国平均高度仅高出海面1.5米，80%的国土不高于1米。如果联合国对全球暖化下海面上升速度计算准确的话，最快一个世纪，这些岛屿将被海水逐一吞噬。

秘鲁的冰川在融化

数百年来，朝圣者都会来到南美洲安第斯山脉高处的Sinakara Valley山谷，在Qolqepunku Glacier冰川底部举行宗教仪式。这项古老传统起源于印加时代。印加人将山看作神灵，将冰川视为圣水的源泉。而如今，昔日的冰川正在融化，当地人面临信仰危机，人们困惑：这可是神灵留下的眼泪?

到2050年，全球海平面平均将上升30至50厘米，世界各地海岸线的70%，美国海岸线的90%将被海水淹没。若不控制，到2100年海平面将上升1米，一些沿海城市将不复存在，数以千万计的人将沦为环境难民。

Sinakara山谷

威尼斯是世界上仅有的几个能真正被称为“独一无二”的城市之一。威尼斯最精华的建筑物在200年间鲜有改变，城市里依然回荡着人们踩在石板路上的脚步声和船夫们的叫喊声。错综复杂的水道、建筑艺术极致的圣马可广场、华丽的面具嘉年华、街边林立的咖啡店，都是迷人的景点。这座城市赖以成名的水，不久可能为威尼斯的诗情画意画上句点。长年的水患不断冲蚀威尼斯的地基，造成地层每年下沉0.5厘米，如果再不加以抢救，预计威尼斯在2050年就会完全被海水淹没。

由于“温室效应”引起的气候带移动和降雨带变化，导致水、旱、风、虫等自然灾害更加频繁而严重。地处中纬度的各大陆内地将更加干燥；沿海地区将更加潮湿，洪涝灾害增多，热带风将会增加；农业病虫危害范围将会扩大，而且更加猖狂。我国地处热带和亚热带地区夏季降雨将增多，可能引起更多洪涝灾害，而地处中纬度的中国大部分地区，夏季降雨量则要减少，尤其是西北地区下个世纪干旱将更加严重。

非洲第一高峰乞力马扎罗山，山顶终年都覆盖着一层雪白闪亮的冰河，就像戴着一顶白色假发，是非常罕见难得的自然界奇景。游客可从肯尼亚境内的安波塞利国立公园，远眺山顶上的冰河景观。由于全球暖化，冰河与积雪已逐渐融化，预计到2020年，乞力马扎罗山就会光秃，汇集融化雪水所形成的河流将逐渐干涸，动植物也会因此死亡或迁徙他处，直接冲击国家公园的生态与观光。目前，环保人士已经开始施压，希望能使工业国家减少废气排放，降低污染对生态环境的伤害。

十、昏天暗地的烟雾污染

浓雾笼罩在伦敦上空

1952年12月5日至8日，一场灾难降临了英国伦敦。地处泰晤士河谷地带的伦敦城市上空处于高压中心，一连几日无风，风速表读数为零。大雾笼罩着伦敦城，又值城市冬季大量燃煤，排放的煤烟粉尘在无风状态下蓄积不散，烟和湿气积聚在大气层中，致使城市上空连续四五天烟雾弥漫，能见度极低。在这种气候条件下，飞机被迫取消航班，汽车即便在白天行驶也须打开车灯，行人走路都极为困难，只能沿着人行道摸索前行。

伦敦烟雾污染

由于大气中的污染物不断积蓄，不能扩散，许多人都感到呼吸困难，眼睛刺痛，流泪不止。伦敦医院由于呼吸道疾病患者剧增而一时爆满，伦敦城内到处都可以听到咳嗽声。仅仅4天时间，死亡人数达4000多人。就连当时举办的一场盛大的得奖牛展览中的350头牛也惨遭劫难。一头牛当场死亡，52头严重中毒，其中14头奄奄待毙。两个月后，又有8000多人陆续丧生。这就是骇人听闻的“伦敦烟雾事件”。

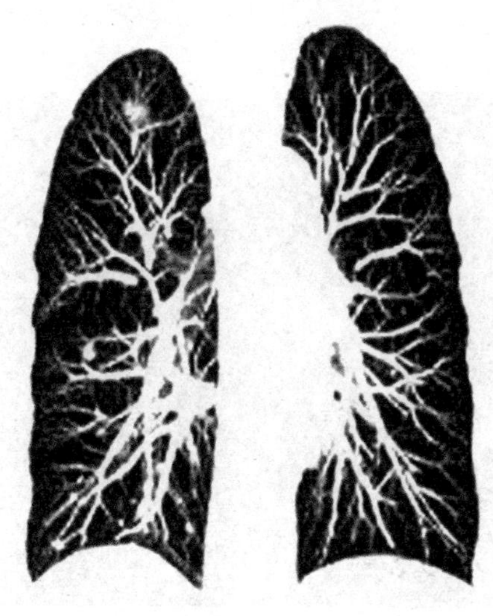
支气管炎

可悲的是，烟雾事件在伦敦出现并不是独此一次，相隔10年后又发生了一次类似的烟雾事件，造成1200人的非正常死亡。直到20世纪70年代后，伦敦市内改用煤气和电力，并把火电站迁出城外，使城市大气污染程度降低了80%，骇人的烟雾事件才没有

在伦敦重演。

什么是烟雾污染

1952年酿成伦敦烟雾事件主要的凶手有两个，冬季取暖燃煤和工业排放的烟雾是元凶，逆温现象是帮凶。伦敦工业燃料及居民冬季取暖使用煤炭，煤炭在燃烧时，会生成水、二氧化碳、一氧化碳、二氧化硫、二氧化氮和碳氢化合物等物质。这些物质排放到大气中后，会附着在飘尘上，凝聚在雾气上，进入人的呼吸系统后会诱发支气管炎、肺炎、心脏病。当时持续几天的“逆温”现象，加上不断排放的烟雾，使伦敦上空大气中烟尘浓度比平时高10倍，二氧化硫的浓度是以往的6倍，整个伦敦城犹如一个令人窒息的毒气室一样。

地球上还有哪些烟雾事件

1952年伦敦烟雾是比较典型的由于燃煤废气和天气因素共同造成的环境灾害，在人类历史上曾经多次出现类似事件：1930年比利时马斯河谷烟雾事件、1948年发生在美国的多诺拉烟雾事件等都是此类环境灾害的典型案例。

1. 马斯河谷烟雾事件

在比利时境内沿马斯河24千米长的一段河谷地带，即马斯峡谷的列日镇和于伊镇之间，两侧山高约90米。许多重型工厂分布在河谷上，包括炼焦、炼钢、电力、玻璃、炼锌、硫酸、化肥等工厂，

马斯河谷烟雾事件

还有石灰窑炉。

1930年12月1日至5日，时值隆冬，大雾笼罩了整个比利时大地。比利时列日市西部马斯河谷工业区上空的雾此时特别浓。由于该工业区位于狭长的河谷地带，气温发生了逆转，大雾像一层厚厚的棉被覆盖在整个工业区的上空，致使工厂排出的有害气体和煤烟粉尘在地面上大量积累，无法扩散，二氧化硫的浓度也高得惊人。12月3日这一天的雾最大，加上工业区内人烟稠密，整个河谷地区的居民有几千人开始生病。病人的症状表现为胸痛、咳嗽、呼吸困难等。一星期内，有60多人死亡，其中以原先患有心脏病和肺病的人死亡率最高。与此同时，许多家畜也患了类似病症，死亡的也不少。据推测，事件发生期间，大气中的二氧化硫浓度竟高达25～100毫克/立方米，空气中还含有有害的氟化物。专家们在事后进行分析认为，此次污染事件，几种有害气体与煤烟、粉尘同时对人体产生了毒害。

2. 美国多诺拉烟雾事件

多诺拉是美国宾夕法尼亚州的一个小镇，位于匹兹堡市南边30千米处，有居民1.4万余人。多诺拉镇坐落在一个马蹄形河湾内侧，两边高约120米的山丘把小镇夹在山谷中。多诺拉镇是硫酸厂、钢铁厂、炼锌厂的集中地，多年来，这些工厂的烟囱不断地向空中喷烟吐雾，以致多诺拉镇的居民们对空气中的怪味都习以为常了。

美国多诺拉烟雾事件

1948年10月26日至31日，持续的雾天使多诺拉镇看上去格外昏暗。气候潮湿寒冷，天空阴云密布，一丝风都没有，空气失去了上下的垂直移动，出现逆温现象。在这种死风状态下，工厂的烟囱却没有停止排放，就像要冲破凝住了的大气层一样，不停地喷吐着烟雾。

两天过去了，天气没有变化，只是大气中的烟雾越来越厚重，工厂排出的大量烟雾被封闭在山谷中。空气中散发着刺鼻的二氧化硫气味，令人作呕。空气能见度极低，除了烟囱之外，工厂都消失在烟雾中。

随之而来的是小镇中有6000人突然发病，症状为眼疾病、咽喉痛、流鼻涕、咳嗽、头痛、四肢乏倦、胸闷、呕吐、腹泻等，其中有20多人生命垂危。死者年龄多在65岁以上，大都原来就患有心脏病或呼吸系统疾病，情况和当年的马斯河谷事件相似。

这次的烟雾事件发生的主要原因，是由于小镇上的工厂排放的含有二氧化硫等有毒有害物质的气体及金属微粒在气候反常的情况下聚集在山谷中积存不散，这些毒害物质附着在悬浮颗粒物上，严重污染了大气。人们在短时间内大量吸入这些有毒害的气体，引起各种症状，以致暴病成灾。

第五章

做一个绿色环保卫士

一、和绿色一起成长

你是否还记得最后一次触摸大树时的感觉？是否还记得清晨聆听鸟儿欢唱时的愉悦？是否能够辨认出路旁、小区、校园、街心公园里的植物？在城市生活久了，渐渐地疏远了自然，遗忘了自然的颜色、自然的味道、自然的声音……

《齐民要术》

《齐民要术》记载，生儿育女，要给每个婴儿栽20棵树。等到结婚年龄，树就可以做车轱辘，按1棵树可以做3副轱辘、1副值3匹绢计算，20棵树共值180匹绢，够结婚费用。为婴儿植树，是当时盛行的风俗。直到现在，贵州的侗族等少数民族地区还有为出生子女种“女儿杉”的习惯。我们的父母为我们植树了吗？周末别“宅”在家里啦，气候变化已经威胁到家门口了，全球变暖已经带来了北极熊的死亡和极端天气，让我们打破固有的不健康的生活模式，回归自然，为保护环境和绿化祖国尽到一个公民的义务。一棵树就是一个绿色保护神，亿万棵树连在一起，就能够将我们的国土覆盖起来。

植树造林

植树造林的意义

首先，植树造林能防风固沙。沙漠逞强施虐，所用的武器是风和沙。每次狂风一起，沙粒飞扬，风沙所到之处田园全被埋葬，城市变成废墟，人们生活苦不堪言。要抵御风沙的袭击，变荒漠为绿洲，就必须大力植树造林。树木密集的防护林可以控制气团流动，削弱风速，减少风力。风一旦遇防护林，速度可以降低70%至80%。这样风刮起的沙粒也减少了，从而起到了防风固沙的作用。

其次，植树造林能消除空气污染，美化环境。树叶上长着许多细小的茸毛和黏液，能吸附烟尘中的碳、硫化物等有害微粒，还有病菌、病毒等有害物质，还可以大量减少和降低空气中的尘埃。因此，绿色植物还被称为“天然除尘器”。一公顷草坪每年可吸收烟尘30吨以上。树叶在阳光下能吸收二氧化碳，并制造人体所需的氧气。据统计，一公顷阔叶林一年可以吸收灰尘300至900吨；每天能吸收1吨二氧化碳，释放出730千克氧气，可供900个成年人呼吸用。绿色植物也被称为“氧气制造厂”。松树、樟树、榆树还能分泌杀菌素，杀灭结核杆菌、白喉杆菌等病菌。100平方米的松柏林一昼夜能分泌出2千克杀菌素，可杀死伤寒、痢疾等病菌。这些“环境卫士”，在净化空气、保障人们身心健康方面起着不可估量的作用。

最后，植树造林可以为人类提供许多宝贵的资源。木材是森林的主要产物，可以用来建房、造桥、纺织、造纸等，还可做工具、农具、家具、工艺品等日常用品。在吃的方面，有香甜可口的水果，有高营养的茶油，有清香四溢的茶叶，有滋补身体的珍贵药材。此外，植树造林还能防止水土流失、减少噪音、美化环境，保护生态平衡。

植树造林的好处还有很多。树木是自动的调温器，夏日树荫下的气温比空地上低10℃左右，冬季又高2至3℃。绿化还能吸收声波，减低噪声。

一棵树的价值

一棵树到底值多少钱？国外曾有学者对树的生态价值进行过计算：一

一棵树的价值

棵50年树龄的树，累计创值约19.6万美元。这一计算是否精确姑且不论，就树木的实用价值而言，却是显而易见的。

印度加尔各答农业大学的一位教授，对一棵树算了两笔不同的账：一棵正常生长50年的树，按市场上的木材价值计算，最多值300多美元，但是如果按照它的生态效益来计算，其价值就远不止这些了。据粗略测算，一棵生长50年的树，一共可以生产出价值31250美元的氧气和价值2500美元的蛋白质，同时可以减轻大气污染(价值62500美元)，涵养水源(价值31250美元)，还可以为鸟类及其他动物提供栖息环境(价值31250美元)等等。将这些价值综合在一起，一棵树的价值就不是300美元，而是20万美元了。

近年来，不少国家都在着手研究森林的间接效益。自1971起，日本用了3年时间对森林的间接效益进行了测算。日本有森林2500万公顷，每年能储存雨水2200万亿吨，防止水土流失57亿立方米，栖息鸟类8100万只，产生氧气5200万吨。一年间接效益总值合人民币1280亿元，相当于日本1972年全年的总预算。芬兰的森林一年生产木材的价值仅为17亿马克，而森林在环境中的间接效益所产生的价值则为53亿马克。美国森林的间接效益价值为木材价值的9倍。我国云南省林业调查队，对全省的森林效益进行过测算，结果是森林的生态效益的总价值占森林总效益价值的94%，直接效益仅占6%。由此可见，评价森林的作用，不能单纯看它能生产多少木材和其他林产品，更重要的是要看它在对自然生态环境、促进农牧业生产等方面的间接效益。

因此，有专家预测，假如地球上失去了森林，约有450万个生物物种将不复存在，陆地上90%的淡水将白白流入大海，人类将面临严重水荒。森林的丧失使许多地区风速增加60%～80%，因风灾而丧生的人就会上亿……

美国前总统罗斯福在1907年的美国“植树节”上，将种树的价值提高到政治的高度，他说：“没有孩子的家庭将没有希望，没有树木的国家同样没有希望。”

那么，让我们从现在开始珍惜每一棵树！

二、植树不能只是形式

请别将植树当作只是一种形式，这不是一个很简单的问题。因为植树表面上看起来很容易，好像根本不用学就会似的。但是行行有学问，要想把树种好也不是一件容易的事。

首先，根据地质环境选择树种非常重要。如地势较高可栽榆树，地势较低可栽柳树，沙性土壤栽白杨，中等地势栽唐槭，瘠山植松，肥山插杉，丘陵植茶，平川种槐。

另外，树种的选择还取决于植树目的：护田护林宜选高干、窄冠、深根、抗风、少虫的树种；水土保持林要枝繁、叶茂、根条发达、耐旱喜湿、寿命长的树种；环境保护林要树姿优美、花多花香、吸尘防烟、抗毒性强的树种；薪炭林要速生、优质、丰产、易燃、火力旺、萌芽强的树种。

其次，选择合适的季节植树。早春树木冬眠未醒，树液还没有流动，蒸发量小，代谢作用缓慢，有利于断裂根条愈合再生，植树成活率高。雨后空气、土壤湿度比较大，栽植后可以很快吸收水分成活。土壤没有结冻以前植树，新栽的树在严冬到来之前可以扎根，第二年开春就能很快发芽

丘陵植茶

生长，比春天植的树生长早，对病虫害的抵抗力也强。常绿针叶树一般多在初冬土壤开始上冻时进行移栽，这时树木刚开始休眠，水分和养分消耗很少，起苗造林容易成活。

最后，精选壮苗。树种要选充分成熟、没有病虫害、颗粒饱满、色泽新鲜、发芽力强、遗传性好的种子。插穗要选生长快、产量高、抗病虫害能力强、芽壮条匀的枝条。树苗要选树干通直、粗细合适、冠形良好、无病虫害、枝条分布均匀的幼株。

做好了植树前的准备工作，那么就让我们现在开始种树吧!

三、作出绿色的选择

我们倡导绿色生活，希望每个人在日常生活中都作出绿色选择，减少对环境资源的消耗，将环保理念融入平时的行为中。和所有经历过迅速工业化的国家一样，随着经济的增长和人口的激增，中国正面临着严重的环境问题，包括对自然资源消费的持续增长、动植物物种的逐渐消失、恶化的空气质量和水污染、越来越多的固体废弃物、逐渐减少的水源以及越来越频繁的洪涝旱灾。

若问21世纪人类面对的最大威胁是什么，有可能是恐怖活动、饥饿、贫穷或者流行性疾病……但是很少会有人说我们的生活方式应该位居榜首。从我们自己做起是良好的开端，选择低碳生活，需要购买节能的住宅、电器、环保的装修材料、生活用品……每一位中国公民都应该为环境保护尽一己之力，改变生活方式，身体力行，通过生活细节改善环境。以电为例，一个人的节省可能作用不大，但如果每个人都做到节约用电，中国13亿人口可节省的燃煤数量，可减少的废气和温室气体的排放量，会是一个多么巨大的数字，会产生多大的影响!

熟悉并记住下面的环保标识，它们有助于你更了解身边的环保生活。

森林认证

森林管理委员会FSC是全球最为严格的、关于森林管理和林产品加工贸易的认证体系。请尽量购买带有FSC标志的产品。目前，你可以在百安居和宜家买到FSC认证的木制品。

有机产品标志

有机产品标志由两个同心圆、图案以及中英文文字组成。内圆表示太阳，其中的既像青菜又像绵羊头的图案泛指自然界的动植物；外圆表示地球。整个图案采用绿色，象征着有机产品是真正无污染、符合健康要求的产品以及有机农业给人类带来的优美、清洁的生态环境。

森林管理委员会FSC标志

循环再生标志

这个形成特殊三角形的三箭头标志，就是这几年在全世界变得十分流行的循环再生标志，有人把它简称为回收标志。它被印在各种各样的商品和商品的包装上，在饮料的易拉罐上就可以找到。这个特殊的三角形标志有两方面的含义：

①它提醒人们，在使用完印有这种标志的商品后，请把它送到回收站，而不要把它当作垃圾扔掉。

②它标志着商品或商品的包装是用可再生的材料做的，因此是有益于环境和保护地球的。

中国节能标志

中国节能产品认证标志由英文单词“energy”的第一个字母”e”构

成一个圆形图案，中间包含了一个变形的汉字“节”，寓意为节能。整个图案中包含了中英文，以利于与国际接轨。蓝色的图案，象征着人类通过节能活动还天空和海洋以蓝色。

有机食品标志

有机食品标志采用人手和叶片为创意元素。我们可以感觉到两种景象，其一是一只手向上持着一片绿叶，寓意人类对自然和生命的渴望；其二是两只手一上一下握在一起，将绿叶拟人化为自然的手，寓意人类的生存离不开大自然的呵护，人与自然需要和谐美好的生存关系。有机食品概念的提出正是这种理念的实际应用。人类的食物从自然中获取，人类的活动应尊重自然规律，这样才能创造一个良好的可持续发展空间。

有机食品标志

中国节水标志

中国节水标志由水滴、人手和地球变形组成。绿色的圆形代表地球，象征节约用水是保护地球生态的重要措施。标志留白部分像一只手托起一滴水，手是拼音字母JS的变形，寓意节水，表示节水需要公众参与，鼓励人们从我做起，人人动手节约每一滴水；手又像一条蜿蜒的河流，象征滴水汇成江河。

中国环保产品认证标志

环保产品认证标志由地球，鸟及植物叶子有机组合而成，生动地阐述了生命对地球和环境的依赖的关系，强化了人们的环保意识。图案隐含着字母“E”，三个有序排列的鸟(叶子)寓意再生与重复利用，同时还有三个“厂”，体现了“认证”的功能，象征认证机构的权威性。

绿色食品标志

绿色食品标志由三部分组成，即上方的太阳、下方的叶片和中心的蓓蕾。标志为正圆形，意为保护。整个图形描绘了一幅明媚阳光下的和谐生机，告诉人们绿色食品正是出自纯净、良好生态环境的安全无污染食品。AA级绿色食品标志与字体为绿色，底色为白色，A级绿色食品标志与字体为白色，底色为绿色。

在平常的生活中，我们只要花一点时间思考，就能在很大程度上降低个人对环境的影响。

四、低碳消费作用巨大

绿色，让消费更有意义

近年来，随着全社会对于环境问题的广泛关注，已经有越来越多的人开始对我们固有的消费意识进行反思。与此同时，一种名为“绿色消费”的新型消费理念开始频频见诸报端，成为消费意识变革的前进方向。

绿色消费，也称可持续消费或无公害消费，是一种以绿色、自然、和谐、健康为主题，崇尚自然、保护生态、追求健康，主张适度节制消费的新型消费理念。这种消费理念要求人类在提高自身生活质量的同时，应当与自然环境保持一种协调平衡的关系，即达到人与自然的和谐。

以推广绿色消费理念为目的的“绿色消费者运动”最早起源于20世纪80年代的英国，此后不久，这种新兴的消费理念席卷欧洲各国。当时的绿

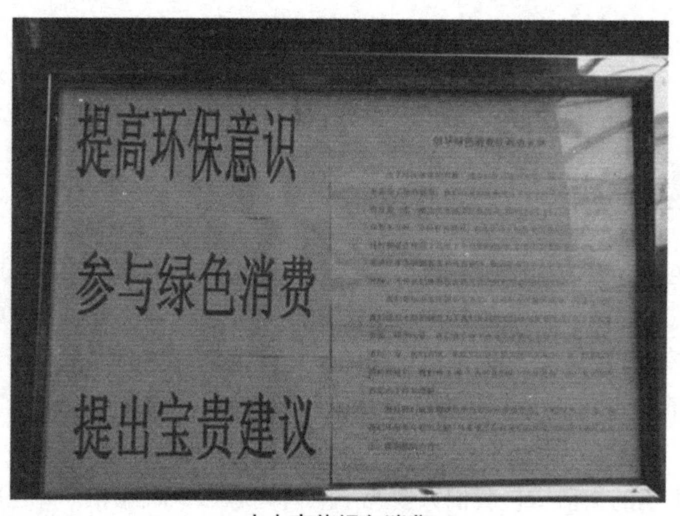

大力宣传绿色消费

色消费者运动主要号召消费者选购有益于环境的产品，从而促使生产者也转向制造有益于环境的产品。其意义在于通过消费者带动生产者，依靠消费领域影响生产领域以达到保护环境的目的。

英国1987年出版的《绿色消费者指南》将绿色消费具体定义为避免使用下列商品的消费：(1)危害消费者和他人健康的商品；(2)在生产、使用和丢弃时造成大量资源消耗的商品；(3)过度包装，超过商品本身价值或因商品过短的生命周期而造成不必要消费的商品；(4)使用稀有动物或自然资源制造的商品；(5)含有对动物残酷或不必要的剥夺而生产的商品；(6)对其他国家尤其是发展中国家有不利影响的商品。

经过二十余年的发展、完善，绿色消费理念进一步得到丰富、充实，其影响范围也不断扩大。

如今，国际公认的“绿色消费”一般有三层含义：一是提倡消费者转变消费观念，崇尚自然、追求健康，在追求生活舒适的同时，注重环保，节约资源和能源，实现可持续消费。二是倡导消费时选择未被污染或有助于公众健康的绿色产品。三是在消费过程中注重对垃圾的处置，不造成环境污染。

另外，绿色消费还需符合“3E”和“3R”标准，即经济实惠，生态效益，符合平等、人道的原则，减少非必要的消费，重复使用和再生利用。

作为一种具有环境意识的理性消费活动，绿色消费体现了人类尊重自然、尊重环境的核心价值观。随着环境意识日益深入人心，这一消费理念已在全世界范围内产生重大影响。

拒绝奢侈浪费

对于我国而言，这种新型消费理念更是拥有极为重要的现实意义：绿色消费理念既包含我国传统消费理念的某些合理因素，如拒绝奢侈浪费、崇尚物尽其用等，又将消费利益与环境利益相融合，以环境意识武装消费意识，引导消费者自觉抵制具有外部不经济性的商品，弥补了传统消费理念所存在的“消费小农意识”缺陷，是建设低碳社会不可或缺的利器。

但令人遗憾的是，绿色消费在现阶段对于我国民众而言仍是一个相对陌生的词汇，其推广之路更是任重而道远。

2009年4月15日，中华环保联合会与“搜狐绿色”联合开展了“绿色消费意识有奖问卷调查”。该调查问卷共设置问题14个，内容包括人们对绿色消费概念的理解、最关注的绿色消费领域、绿色消费的目的、未参与绿色消费的原因、对环保产品性能的期望、提高绿色消费意识的方法等等。截至2009年4月24日，共6349人参加了调查。

调查结果显示，公众在消费时最关注产品的质量(45.16%)，其次是价格(27.11%)、服务(16.35%)，而产品是否环保的关注度仅排名第四(11%)，产品是否方便的关注度排名最后(0.38%)。另外，33.4%的消费者总是关注自身消费行为对环境造成的影响；28.4%的人对绿色消费有较为全面的认

识，42.3%的公众认为提高绿色消费意识的最有效方法是“媒体加大宣传力度”，而27%的公众认为需要“加强绿色消费知识的教育”。

调查表明，我国民众虽已初步具备一定的绿色消费意识，但仍处于萌芽阶段，远未成为全社会的共同消费意识与价值选择标准。

这一结论也许正能印证某位热心于环保的民营企业家的尴尬遭遇。这位热心于环保事业的民营企业家，原是个自主创业的大学生，经过近十年的奋斗，如今已成为一个身价近千万的私营企业主。虽然“不差钱”，但为了坚持自己的环保理念，几年来他一直拒绝买车，出行大多依靠地铁之类的公共交通。可随着企业规模的日益扩大，工作越来越忙，他终于挺不住了，决定买辆小排量车解决上下班问题。谁知这一决定一经宣布即遭到周围朋友及家人的一致反对，“既然决定买车，就干脆买个排量大点的，也合你的身份”。“身为老板，开的车要是连手下高管的都不如，合适吗？不知道的人还当你抠门呢。”在众人的极力劝诱之下，这位环保人士最终相当郁闷地“被迫”选择了一辆2.4L的奥迪。

可见，绿色消费需要每个人的参与，唯有更多的人了解绿色消费，实践绿色消费，才能使整个社会形成一种普遍的绿色消费意识，才能避免环保者的尴尬，才能使正确的消费选择真正得到尊重。

继续加大宣传力度仍是推广绿色消费的当务之急，社会各界需要齐心协力，共同担负起宣传绿色消费观念的重要责任。否则，“低碳生活”将仅仅是一句口号。

绿色消费，低碳生活

绿色消费，离我们有多远？答案：零距离。

尽管绿色消费尚未作为一种内在的消费理念深入人心，并由意识外化为行为指导大众消费，可却有越来越多的人正以自己的行动实践着绿色消费的某些理念，这种奇特的现象源于政府对于低碳生活的大力推广。

相比绿色消费，“低碳”无疑是更为热门的词汇。从2008年、2009年贯穿全年的气候异常到哥本哈根大会各国首脑的争论不休，全球气候变暖给生活带来的灾难将所有人的注意力都集中到了“低碳”这个原本陌生的

发条闹钟

词汇上。

“低碳”不只是企业或者政府的事，需要改变的也不仅仅是生产方式或城市规划思路，实际上全球近三分之一的碳排放来自于每个家庭，来自于每个人的日常生活。

选择非电动牙刷将避免近48克的温室气体排放量；

用节能灯替换60瓦的灯泡，可以将产生的温室气体减少4倍；

在午休和下班后关掉你的电脑和平板显示器，将使这些设备造成的温室气体排放减少三分之一；

将一年新购买的衣服数量减半，少去干洗店、少用化学制剂洗衣服，比如漂白剂、柔顺剂，都将有利于节能减碳。

……

于是，为了避免如电影《2012》或者《阿凡达》式地球的未来，越来越多普普通通的中国人在政府的宣传、呼吁、指导之下，参加到节能减排活动中：

北方的居民在冬季将需要冷冻的食品放到凉台上，节省冰箱电费，同时也让每年年初频繁光顾的寒流多发挥些“余冷”。

在家里的坐便器内放上两个装满水的1升饮料瓶，6升的坐便器顿时就

变成了4升的“节水型”，既可节约水资源又能间接减少二氧化碳排放量。

睡前将电视、电脑的插销拔掉，在节电的同时减少电磁辐射对于人体的不利影响。

出门拿个漂亮的购物袋，在环保的同时宣扬时尚个性……

虽然我们只是普通的中国公民，但只要我们稍稍改变生活中的某些习惯，就可能在节省自家生活开支的同时拯救像斐济或马尔代夫那样逐渐陷入汪洋的岛国。温家宝总理曾说过：“一点很小的善心，乘以13亿，都会变成爱的海洋；一个很大的困难，除以13亿，都会变得微不足道。”这个道理同样适用于现在。一点很小的努力，乘以13亿，都会变成巨大的力量；如果13亿中国人都能从我做起节约能源，那减少的碳排放量将成为天文数字！

达成这个良好愿望，需要更多的人行动起来，参加节能减排活动，并将其内化为自身的意识与理念，改变我们原有的消费习惯、生活习惯，用一种崭新的消费理念指导我们生活的方方面面，使节能减排行动得以长期化、持久化，最终成为我们生活不能分割的一部分。

我们的政府、媒体以及社会各界，不妨以节能减排作为契机，大力宣传绿色消费理念，使节能减排行为与绿色消费意识充分结合、相互统一，从更高的层次上影响人们生活的方方面面，并进而成为一种社会意识，使节能减排由政府推动转变为民众自发，从根本上促进低碳社会的生成。

五、“走”出来的低碳

一座城市的地铁和公交等公共交通系统再发达，也不能解决末端交通问题，这就是所谓的“最后1公里”问题，而坚持慢行交通原则上就能解决这一问题。

慢行交通，一般是指选择步行或自行车等以人力为动力的出行工具，速度一般在每小时5～15千米之间，相比机动车出行，属于“慢行”。慢行交通环境创建后，将会使快的更快，慢的更加舒适和安全。例如，短距离出行，如果选择步行或自行车，可能比选择开车更节约时间；长距离出行，如果每个市民都依赖慢行交通环境，有效选择步行(自行车)+公交(轨道交通)，则会使道路更通畅，公交运行速度也会更快，总的出行时间也会相应减少。所以，慢行交通其实并不慢。

回归自行车时代

很多年前，人们出行多半靠自行车，然而随着经济的发展、生活水平的提高，开车的人越来越多，骑自行车的人逐年下降。城市交通拥堵和汽车尾气污染日益严重，城市居住环境已经严重恶化。现在，自行车再次受到青睐。

自行车出行既健康又环保。中国自行车协会于2007年4月22日协助一些环保组织开展“测算二氧化碳排放”活动，结果显示：以15千米计，骑自行车的排放量约为零，乘公交车(按每辆车平均坐30人计)每人约为0.2千克，而开汽车(按每辆车乘坐4人计)每人约为1.1千克。

绿色的交通工具——自行车

(1)“骑行族”的高效出行。

也许很多人都不相信，其实自行车是通行效率极高的交通工具，在同样的道路条件下，自行车的通过能力是小汽车的12倍到20倍。自行车还是高效率的短途代步工具，据测算，在交通拥堵的城市，10千米之内自行车的速度往往比轿车更快。据中国有关专家运用交通高峰小时理论测算，在同一马路宽度下，三种交通工具每小时运送人数分别为：摩托车720人，轿车850人，自行车1000人。在道路使用率方面，德国有关资料表明，在行驶过程中，自行车仅占地8平方米，摩托车18平方米，轿车30平方米。

自行车能有效实现与机动化交通的换乘和对接，能有效利用城市已有的公交、轨道交通等交通设施，最大限度地降低碳排放量，同时还能提高道路利用率，解决交通拥堵难题。因此，政府管理部门应努力营造良好的自行车出行环境，在大多数市民考虑私家车出行之前，让他们习惯于自行车出行，提高公共交通使用率，这将在极大程度上减少交通的碳排放和城市空气污染，为低碳城市、低碳生活作出贡献。

所以，做个快乐的“骑行族”不但不会拖住我们忙碌的步伐，反而会让我们向快速、便捷、低碳的出行梦想迈进一步！

(2)公共自行车租赁系统。

公共自行车租赁系统是“骑行”生活的一种现实载体，它将自行车纳入公共交通体系中，在小区边和各个公交(轨道交通)换乘点安置公共自行车布点，如地铁站、快速公交站、火车站和汽车客运站等，发挥自行车短途交通的优势，用数量不多的自行车为市民解决“最后1公里”的交通问题。公共自行车系统建成后，短距离出行的市民将不再需要选择乘坐机动车；外地游客也可以骑自行车游玩，大大减少市内交通压力。

在公交(轨道交通)站附近修建停车场，可以使一部分离站点相对较远的市民能骑车到此换乘，一来可以增加公共交通的客源，最大限度地发挥公共交通的作用；二来也能增加公共交通的收入；三是可以雇请一些下岗工人看护车辆，解决了少部分下岗工人再就业的问题；更重要的是利于环保，如果很轻松地解决了“最后一公里”的问题，以往驾车出行的居民很可能会选择乘坐公共交通，既能减少一部分车辆上路，缓解交通堵塞的现象，同时还可以降低能耗，减少污染。

公共自行车租赁服务2005年首先出现在法国里昂，这项服务的名称叫“热爱自行车”，据里昂市副市长让·路易·图雷纳估计，至2008年，里昂市的3000辆租赁自行车已行驶了1609万千米，这一数据相当于减少了汽车行驶所排放的3000吨二氧化碳气体；图雷纳还说，推行自行车项目以来，里昂市的机动车流量下降了4%。“热爱自行车”服务推出后好评如潮，欧洲各国随即跟风，纷纷推出各有特色的公共自行车租赁服务。法国巴黎提倡“随用随骑、骑后速还”的用车理念，规定每次用车时间不超过半小时则免费。而实际上，巴黎市内每隔200多米就有一个联网租赁站，大多数巴黎市民骑车车程也不会超过30分钟，租赁后在任何一个租赁站归还，这项“自行车城市”计划相当于是免费服务。在丹麦哥本哈根市中心约有150处自行车停车点，任何人将20克朗硬币放进车链上的孔眼内，便可以使用这种公共自行车，用完再锁在任何一个存车处，取出硬币即可。而在英国伦敦，租赁自行车更为简单，市民只需用手机给服务中心发条短信，就会收到一个开锁密码，通过这个密码，用户可在市内任何一个租车停放处自行取车。

2008年5月1日，杭州在中国率先运行公共自行车租赁系统，将自行车纳入公共交通领域，意图让慢行交通与公共交通“无缝对接”，破解交通末端“最后1公里”难题。按照杭州市的规定，16周岁至70周岁之间、具有熟练自行车骑行能力的需求者，可凭杭州公交IC卡及开通公交功能的市民卡，在租车服务点办理租车或还车。没有公交IC卡的市民或外地游客，也可在各固定公共自行车租用服务点及杭州公交IC卡发售、充值点，凭本人身份证等证件，缴300元现金作为租车信用保证金和消费资费押金，办理杭州公共自行车租用卡。一小时内免费，一小时至两小时收取一元租车服务费，两小时以上至三小时租车服务费为两元，超过三小时按每小时三元计费。

做个光荣的“走班族”

在交通还不发达的年代，很多人都羡慕可以开车上班的人。如今，不

少人都实现了买车的愿望，但是他们并没有想象中那么有满足感，反而想回归最原始的方法——走路上班，从而衍生了“走班族”。有这样一个段子：“俺们刚吃上肉你们又吃菜了；俺们刚穿上睡衣，你们又改裸睡了；俺们刚把青菜上的害虫灭掉，你们又改爱吃虫啃过的菜叶了……”现在应该再加上一句：“俺们刚开上汽车，你们又改走路了。”

“走班族”中既有年轻的“80后”，也有事业有为的“70后”，他们多数为有车一族，但是家与单位的路程较短，多数在30分钟以内就可以步行到达。在提倡低碳生活的背景下，这种“走班”的方式越来越流行于繁华的都市。一些平时懒于运动的年轻群体也被身边的朋友所感染，放弃开车上下班，加入到健康的“走班族”行列中。

步行既环保又可愉悦身心。现在，都市生活的节奏越来越快，特别是长时间待在办公室的白领，更是很少锻炼身体，不但容易积累脂肪，也容易出现各种职业病。“走班”是一种低碳的生活方式，不但可以减少对环境的污染，还可以锻炼身体、预防各种疾病、缓解压力、愉悦身心。

六、不可不看的环保电影

随着人们环保概念的增强和对自然探究的渴望，以环保或自然为主题的电影不断涌现出来，其中不乏一些震撼人心的作品。

《家园》

在影片《家园》里，我们了解到：为了满足日益增长的食物需要，全球一半的谷物用于饲养提供肉类的牲口，生产1千克牛肉就需要消耗13000升的水；为了生产纸浆而砍伐原始森林，大量种植桉树，生物的多样性被人为破坏，快速生长的桉树，抽干了地下的水分，快速消耗地球的资源。

影片最后所传达的信息是：“现在已不再是悲观的时候，让我们立即联手，重要的不是我们失去了什么，而是我们剩下的还有什么。”答案就在我们的一念之间！

《后天》

影片《后天》为唤起世界对日益严重的温室效应及理论上可能引起的新冰河世纪威胁，针对全球著名地标设计了一系列相关的冰冻图像，显示了气候对人类威胁的急迫性与全面性。

《可可西里》

影片以新闻纪实报道的形式，从一个随队采访记者的角度，讲述了在人类生存的禁区可可西里无人区，巡山队员与一群疯狂凶残的盗猎分子的殊死搏斗。这是根据真实事件改编的，根据资料显示在1985年以前可可西里生活着大约100万只珍贵的高原动物藏羚羊。

然而随着欧美市场对莎图什披肩的需求增加，其原料藏羚羊绒价格暴涨，于是导致各地盗猎分子纷纷涌入可可西里。短短几年间，百万只藏羚羊几乎被杀戮殆尽，残存不到两万只。

《难以忽视的真相》

全球变暖会导致海平面迅速上升，纽约等大城市可能会迎来洪水，世贸中心遗址将被淹没，极端气候和疫病的出现将更加频繁，一些地区将饱受暴雨或干旱折磨……这不是某个好莱坞科幻片中的情节，而是一部宣传环保的纪录电影。值得一提的是，这部电影的导演是2000年在美国总统竞选中失败的戈尔。影片的主题所讲的是：南极冰层融化，北极熊遭到猎杀，全球气温纪录年年攀升。诚然，真相来之不易，但看到了真相之后，会不会有所行动，则还要看以后人们的态度。

《第11小时》

影片访问了超过50名与地球生态学有关的科学家、思想家和政治人

物。影片不但揭示了气候异常变化给人类社会带来的危机，并对由此引发的全人类共同面对的各种难题，作了全球性的探索和深入研究。

《帝企鹅日记》

影片记录了在南极大陆上生活的帝企鹅生存和繁衍的故事。展示了帝企鹅这个可爱又坚强的物种如何与严酷的自然环境作斗争，保护小企鹅，从而完成它们的生命延续之旅。

《谁消灭了电动车》

这是一部探讨电动车兴衰的纪录片。1996年问世的电动车拥有较燃油车、混合型动力车和氢燃料电池车所不能比拟的环保节能、费用低廉等优越性，但是这种车却最终没能得到推广。是什么造成了这一结果呢？本片导演通过调查揭示，原来电动车的陨落是一场谋杀，因为它威胁到了石油巨头们的利益。

《食物的未来》

《食物的未来》历经三年的跨国研究和拍摄，通过与各国专家和农民对话，生动地揭示了复杂的生物技术、伦理、环境、农商企业和消费者之间的各种错综复杂的关系，展现了当今北美乃至世界粮食系统所发生的种种变化，以及这种变化对粮食安全、农民生计和食品安全所带来的挑战。

《食品公司》

在这部纪录片中，导演和两位作家向我们揭示了在美国少数大公司控制下，食品系统的真相。电影制作者通过运用动画和图表展示了美国食品制造变得越来越复杂的过程。原本很简单就能获得粮食和肉制品，现在却要为吃而担惊受怕。

《玉米大亨》

在纪录片《玉米大亨》里，两个美国的年轻人回到美国艾奥瓦州老家，种上一英亩美国最高产、补贴最高的粮食——玉米，用亲身经历去探究自己的食物来源，追踪自己种这一亩地将会为下游地区的人们带来怎样的环境影响。